JN199455

言葉と数式で理解する
多変量解析入門

小杉考司 著 Koji Kosugi

Introduction to Multivariate Analysis: Understanding through words and mathematics

北大路書房

改訂版によせて

　本書は，前書「社会調査士のための多変量解析法」の増補改訂版にあたります。10年たって，増補改訂版を出させていただく運びになったことを，大変嬉しく思っています。前書を上梓した頃は，ちょうど社会調査士の資格ができた頃でした。多変量解析のユーザーからみたテキストとして，実際に使うのに必要な知識をなるべく網羅して，というのがその時のねらいでした。また以下に述べますように，統計の分析環境の，この間の大きな変遷を踏まえ，今回，より広範な読者の方に読んでいただけるよう意識して改訂作業を行いました。そのため書名も単に「改訂版」とするのではなく，改めることとしました。

　この10年で，統計分野にはまた大きな変化が生まれました。「これからは構造方程式モデリングに統合されていくだろう」という予測は半ばあたり，半ば外れたようです。構造方程式モデリングは確かに広まり，誰でも使えるようなソフトウェアが広がりました。結果的に，多くのデータを取って構造をモデリングするという手法は，逆に測定の妥当性やモデルの説得力がいかに重要であるかを知らしめてくれたようです。

　そのこともあって，また計算機や統計分析環境の展開から，新しい動きも生まれました。これまでのモデルがあまりにも正規分布だけに依存していたことからの脱却，より個別で精緻なモデルを組みたいという必要性から，推定方法としてのベイズ統計学が台頭してきたこともその1つです。ベイズ推定を使ったモデリングは，具体的なデータの生成過程を記述することから，より説得力のあるモデルを自由に描けるようになっています。

　では，この後はどうなるか。個人的には，また多変量解析への憧れが帰ってくるのではないかと思うのです。多変量解析は雑多なデータから意味のある智を抜き出す技術です。これまでも「機械が勝手に因子を出してくれた」のではありません。我々がいかに能動的に，主体的に関わって智を取り出していたかが，意識されてこなかっただけではないでしょうか。ベイズ統計学のアプローチは，主観確率や事前分布などが科学的な態度ではないと批判されることもありますが，妥当な前提をはっきりと意識して言語化する点で，より上品なマナーとして受け止

められるべきでしょう。そうしたマナーを踏まえたうえで，もう一度，様々な社会場面での雑多なデータから，意味ある情報を抜き出したい，と思うようになるのではないでしょうか。そのときに，本書のようなユーザー目線の基本的な解説書が，また役に立つ日がくるのではないかと思っています。

　増補するにあたっては，推定方法の数理や一般化線形モデルに言及することにしました。必然的に，確率分布の話やそれに基づく変数の分類などに言及することになりました。また，数式にコメントを追加するなど，読者が数学的展開を追いやすいように注意しました。そうこうしているうちに，言語的に意味を把握しようという説明の仕方と，数理的な道筋をしっかり追えるようにしようという説明の仕方をしっかり区分したほうがよいのではないかと考えるようになりました。前書はわざと区分せずに，一冊の読み物としての全体像を考えていましたが，本書ではまず意味をつかんでいただいて，その後で数理的な説明をするという二段構えにしました。結果的に，大学の講義で使いやすい 15 章立てにすることを諦めることになりましたが，全体としてはまとまりがよくなったのではないかと思います。

　その他，実際の数値例を計算するときは統計環境 R を使うようにしました。ベイジアンソフトウェアを使うときも，R を経由して使えますから，今後も R 環境はますます発展していくと思います。加えて RStudio は，レポートや論文など，文書を書くためのツールとしても有用ですし，そのことが再現可能性，オープンサイエンスに寄与することにもなるでしょう。こうした動きも，10 年前では考えられなかったものです。まだまだ心理統計は楽しい世界が広がっていきそうです。

　さて，改めて前書を読み直し，手を入れるとなると，いろいろ不十分なところが目につきました。当時は当時の能力で精一杯やっていたのですが，私も研究教育の経験が増えた分，説明の仕方や言葉の使い方に配慮できるようになったようです。文体をデスマス調に改めたことも，私の「まるくなったところ」かもしれません。改訂の原稿に目を通し，誤字脱字はもちろん独りよがりな表現にも修正するよう助言をくれた，静岡理工科大学の紀ノ定保礼氏，川崎医療福祉大学の山根嵩史氏，東京大学大学院の北條大樹氏，永野駿太氏，専修大学大学院の加藤大貴氏には，記して謝意を表します。もちろん本書の誤りや不適切・不十分な説明など問題が残るようであれば，すべて筆者一人の不徳の致すところです。「過ちては則ち改むるに憚ること勿れ」を座右の銘（のひとつ）としておりますので，お気づきの点がありましたら遠慮なく筆者までご連絡いただければと思います。

末筆ながら，そろそろ改訂しませんかと企画立案くださった北大路書房の若森
乾也氏に感謝いたします。自分の過去と向き合うことで，改めて自分のアイデン
ティティを見直すきっかけとなりました。またいつも丁寧に校正・編集していた
だく薄木敏之氏・黒木結花氏にも御礼申し上げます。おかげさまで表現したいこ
とそのままに，形にすることができました。

　本書を一人でも多くの人が楽しんでいただけますように。

　2018 年 10 月

小杉考司

はじめに (前書より)

多変量解析を学ぶ学生の皆さんへ

　本書は，社会調査士を目指すいわゆる文系の学生に向けて書かれた，多変量解析法の入門書である。

　社会調査士認定機構によれば，資格取得のためには次のような科目を履修しなければならない（2007年4月現在）。

【A】社会調査の基本的事項に関する科目

【B】調査設計と実施方法に関する科目

【C】基本的な資料とデータの分析に関する科目

【D】社会調査に必要な統計学に関する科目

【E】量的データ解析の方法に関する科目

【F】質的な分析の方法に関する科目

【G】社会調査の実習を中心とする科目

　本書が扱うのは，この【E】の「量的データ解析の方法に関する科目」で指示されている，基礎的な多変量解析法の基本的な考え方と主要な計量モデルである。

　もちろん，多変量解析は社会調査のみならず，心理，福祉の分野などひろく社会科学の分野で用いられているものであるから，必ずしも社会調査士に興味がない方でも，本書がお役に立てることは少なくないはずである。

　さて「多変量解析法」というのは，ざっと数えるだけで20種類以上はあるので，初学者にとっては全体像を捉えられないという難点がある。しかし，これを大別すると回帰分析系と因子分析系の2系統に区分され，あとはその応用に過ぎない。

　本書はこの2つの系統のもとになる回帰分析と因子分析を中心に紹介してあるので，その特徴，意味するところだけを大雑把に把握していただければよい。

　多変量解析法は，ある意味では難解，ある意味では簡単である。難解というのは，その背後に数学的理論があるからで，数学に慣れていない学生諸君にとっては数学的展開で話をされると辛いこともあるかもしれない。しかし，本書で扱うのは，中学生レベルの数学的基礎を持っていれば対応できるものである。より具

体的には，文字と式の計算（たとえば，$(a+b)^2=a^2+2ab+b^2$ のような展開），あるいはごく簡単な一次関数（たとえば，$y=ax+b$ のような関数）を知っていればよい。あとは愚直に，その計算を間違えずにできるかどうかであって，本書には計算プロセスを極力省略せずに書いてあるので，ゆっくり手を動かしてみれば，十分理解していただけるだろう。百歩譲って式の展開にギブアップしたとしても，我々いわゆる文系の徒にしてみれば，その結果が何を表すのか，という意味がわかっていればよい。資格を取った後，多変量解析について聞かれたら「要するに〇〇ってこと。詳しくはこの本に書いてあるわ」と返事ができるようになってもらえたら十分であろう。

　ある意味で簡単である，というのは，やたらめんどくさい式の展開が背後にあるわりに，実際のデータをコンピュータで分析すると一瞬で終わってしまうからである。多変量解析のみならず，社会調査というのはコンピュータの発展に支えられて大きくなってきた。それだけに，求められているのは結果の読み取り力である。本書では，多くの統計解析ソフトがどのような出力をするか，どこを見なければならないか，という応用面にも言及しているので，その点は十分注意深く読み取ってほしい。

　ただし，この読み取り力を鍛えるためには，やはり，数式による裏づけを知らねばならない，と筆者は考える。しっかり学んでから，要らないところは頭の中から捨ててしまえばよいのである。そのつもりでおつきあい下されば……，というのが筆者の切なる願いである。

本書をテキストとして使って下さる教師の方へ

　社会調査士関係の講義は，社会調査士認定機構に講義計画を提出し，それが認可されて初めて開講できるという流れになっている。提出する講義計画は 15 週プランで，教えるべきことのガイドラインも示される。本書は講義計画に沿って 15 章立てとし，1 週に 1 章ずつ進めていけばよいようになっている。章によってページ数が多かったり少なかったりするが，それは各章の難易度を反映していると考えていただきたい。

　学生たちにとって，講義形式で授業が進むのは大変苦痛であり，しかも数学に不慣れな学生にとっては敷居が高く感じられるに違いない。筆者はなるべく図版をスライドで表示するなどの工夫をしてはいるが，実際に資格を取って活躍してもらうシーンを考えれば，パッケージソフトを用いた実習形式であったほうが，学生に親切というものである。ところがご存知の通り，社会調査士のガイドライ

ンによれば【G】の「社会調査の実習を中心とする科目」が準備されているので，どうしても講義形式にせざるを得ない。しかしこのことを肯定的に考えれば，一歩ずつ数学の歩みを追いかける時間がある，ということでもある。

もっとも，実際の講義に当たっては，15週分を確保できないということもあるだろう。開講日の設定によっては，どうしても13週しかとれない，ということもあるかもしれない。そのときは，第6章「回帰係数の算出」，第10章「ベクトルと行列の基礎知識」，第11章「データを要約するひみつ」などをスキップしていただいてかまわない。ここは数学的にもハードだし，極端なところ，ユーザーは知らなくてもよいところである。「なんだかわからないけど，グルグルポンと答えが出たとして，次に進みましょう」と言っても学生から非難の声が上がることは少ないだろうと思われる。また，第14，15章は手広く多変量解析を紹介しているところなので，重要なところだけピックアップして紹介するようにしてもらえればよい。そういう意味で，本書はやや冗長にできている。先生方各位が，うまく情報圧縮しながら使っていただきたいと願っている。

なお，最後に付録として，筆者も実際に使っている練習問題を付けた。問題は数学的な証明を求めるものより，直観的に意味・内容を理解し，自分の言葉で表現するようなものが多くなっている。そのため，解答を「これで間違いない」と用意することはできないが，学生の理解度を測るという意味では良問もあるかと思うので，活用していただければ幸いである。

最後になったが，筆者は数学や統計の専門家ではなく，あくまでも文系の一ユーザーでしかない。数学的展開については，様々なテキストや参考書を参照しながら，間違いがないように極力注意を払ったが，不正確なところもあるかと思われる。また，イメージの話に傾倒しすぎて，正確でないというご指摘があるかもしれない。後者の点については「全体像を，感覚的に把握する」という目的のため，とご容赦願いたいが，その他のご意見・ご指摘・ご批判は進んで受けたいと思うので，筆者までご連絡をいただきたい。

目　次

改訂版によせて　i

はじめに　iv

第Ⅰ部　基　礎

第1章　多変量データ 2

  1.1　多変量データとその解析　2

  1.2　コンピュータにおけるデータの表現　3

    1.2.1　データの収集と整理の基本　3

    1.2.2　整然データ　6

  1.3　データの特徴に基づく分類法　8

    1.3.1　尺度の4水準　9

    1.3.2　分析の観点からみたデータの違い　12

  1.4　データの相と元　15

    1.4.1　データの相　15

    1.4.2　データの元　16

第2章　代表値の計算 18

  2.1　記号に慣れておこう　18

    2.1.1　定数の総和について　18

    2.1.2　定数が掛けられた変数の総和について　19

    2.1.3　分配規則について　20

  2.2　情報の数値化　21

    2.2.1　共分散で共変動がわかる　22

    2.2.2　共変関係とデータの散布図　23

    2.2.3　分散は変数から引き出せる情報量　25

  2.3　標準偏差と標準化　26

  2.4　単位を整えた共変動：相関係数　28

  2.5　相関係数とデータの散布図　29

第3章　多変量解析を俯瞰する 33

  3.1　すべての手がかりは「共変動」　33

viii　目　次

3.2　モデルを通じて世界をみる　35

3.3　2種類のモデル　36

3.4　線形モデルの系列：回帰分析と因子分析　38

3.5　統計ソフトウェアの案内　40

　　3.5.1　商用ソフトウェア　42

　　3.5.2　フリーソフトウェア　43

第II部　言葉で理解する——目的と実際——

第4章　回帰分析を理解する　48

4.1　回帰分析の基本モデルと推定法　48

　　4.1.1　回帰分析で知りたいこと　48

　　4.1.2　わかっている対応関係とわからない係数　49

　　4.1.3　最小二乗基準による推定　51

　　4.1.4　最尤基準による推定　53

4.2　回帰分析の実際　54

　　4.2.1　回帰分析をしてみよう　54

　　4.2.2　統計環境Rによる回帰分析　54

4.3　重回帰分析への拡張　60

　　4.3.1　部分相関と偏相関　60

　　4.3.2　重回帰分析による予測方程式　62

　　4.3.3　統計環境Rによる重回帰分析　63

　　4.3.4　標準偏回帰係数の意味　66

　　4.3.5　使用上の注意といくつかのテクニック　67

第5章　因子分析を理解する　70

5.1　因子分析の目的　70

　　5.1.1　要約という側面から　70

　　5.1.2　「潜在変数の抽出」とは　71

5.2　因子分析の実践　72

　　5.2.1　因子分析のデータとモデル　72

　　5.2.2　因子分析のイメージ図　76

5.3　因子分析の実際　79

　　5.3.1　統計パッケージによる因子分析　79

　　5.3.2　探索的因子分析の手順　82

5.4　因子分析の詳細な設定　91

　　5.4.1　共通性の推定方法　91

目 次　ix

　　　5.4.2　因子軸の回転法　95

　5.5　因子分析の実際の流れ　99

第Ⅲ部　数式で理解する——原理と性質——

第6章　回帰係数の算出　104

　6.1　最小二乗法による回帰係数の算出　104

　　　6.1.1　回帰分析のための数学的基礎：微分　104
　　　6.1.2　偏微分方程式から回帰係数を求める　109

　6.2　最尤法による回帰係数の算出　112

　　　6.2.1　対数　113
　　　6.2.2　尤度と最尤法　115
　　　6.2.3　尤度と尤度関数　117
　　　6.2.4　回帰分析の最尤推定値を求める　120

　6.3　ベイズ推定法による回帰係数の算出　122

　　　6.3.1　ベイズ推定法とは　122
　　　6.3.2　MCMC による推定　123
　　　6.3.3　ベイズ法による回帰係数と結果の解釈　124

第7章　数理でみる回帰分析の特徴　127

　7.1　平均値にまつわる諸特徴　127

　　　7.1.1　特徴1：Y と $\hat{Y}$ の平均値について　127
　　　7.1.2　特徴2：残差 e の平均値について　128

　7.2　共分散にまつわる諸特徴　129

　　　7.2.1　特徴3：説明変数と残差の共分散　129
　　　7.2.2　特徴4：予測値と残差の共分散　131
　　　7.2.3　特徴5：被説明変数 Y の分散　132
　　　7.2.4　特徴6：予測値と被説明変数の共分散　133
　　　7.2.5　特徴7：相関係数と回帰係数の関係　134

　7.3　線形モデルの展開：一般線形モデル　135

　　　7.3.1　仮説検定とモデリング　135
　　　7.3.2　一般線形モデル　136

　7.4　一般化線形モデル　138

　7.5　階層線形モデル　142

第8章　多変量解析の数理1：行列の基礎　148

　8.1　ベクトルと行列の直観的理解　148

x 目次

8.2 ベクトルと行列の計算ルール 150
- 8.2.1 ベクトルと行列 150
- 8.2.2 行列の四則演算 152

8.3 行列を使うと便利なこと 160
- 8.3.1 行列と方程式 160
- 8.3.2 ベクトルや行列の積と重回帰分析 163

第9章 多変量解析の数理2：多変量解析のコア 165

9.1 固有値分解 165
- 9.1.1 正方行列と固有値，固有ベクトル 165
- 9.1.2 固有値と因子分析の関係 166
- 9.1.3 固有値の幾何学的理解 168

9.2 データの行列表現 171

9.3 因子分析モデルの代数的表現 173

9.4 因子分析と固有値分解 177

9.5 因子分析と行列のこぼれ話 180
- 9.5.1 固有値の近似解の求め方 180
- 9.5.2 項目反応理論の中の因子分析 182
- 9.5.3 因子分析モデルからみた尺度の信頼性と妥当性 184

第IV部 その他の多変量解析

第10章 構造方程式モデリングによる統合 190

10.1 構造方程式モデリングとは 191
- 10.1.1 パス解析からSEMへ 191
- 10.1.2 モデル・ダイアグラム 193

10.2 構造方程式モデリングの下位モデル 196
- 10.2.1 主成分分析 196
- 10.2.2 正準相関分析 198
- 10.2.3 判別分析 199
- 10.2.4 分散分析と共分散分析 200

第11章 質的なデータに対する多変量解析 204

11.1 データの類似性：距離 204

11.2 多次元尺度構成法 208

11.3 クラスター分析 212
- 11.3.1 階層的クラスター分析 212

目　次　xi

　　　　　11.3.2　非階層的クラスター分析　215
　　　　　11.3.3　その他のクラスター分析　215

　　11.4　数量化Ⅰ類とⅡ類　216
　　　　　11.4.1　数量化Ⅰ類　217
　　　　　11.4.2　数量化Ⅱ類　218

　　11.5　数量化Ⅲ類とⅣ類　218
　　　　　11.5.1　数量化Ⅲ類とテキストマイニング　218
　　　　　11.5.2　数量化Ⅲ類の考え方　220
　　　　　11.5.3　数量化Ⅳ類　221

付録A　RとRStudioによる統計環境の準備　223
　　統計環境の準備　223
　　　　　1　Rとは　223
　　　　　2　RStudioとは　224

付録B　練習問題　229

　　索引　236
　　あとがき　241

本書に掲載した会社名および商品名は，各社の商標または登録商標です。
なお，本文中にTM，®マークは明記していません。

第 I 部

基 礎

第 1 章

多変量データ

1.1 多変量データとその解析

　これから多変量解析を学んでいくのですが，そもそも「多変量」とはいったいなんでしょうか。これを考えるために，まず「変量」とは何かを考えるところから始めたいと思います。

　変量は変数ともよばれます。これは要するに何らかのデータ，あるいは数字のことだと思えばいいでしょう。身の周りにある数字といえば，ごく身近なところでも，身長，体重といった身体的データ，100m を何秒で走れるか，という身体能力についてのデータ，IQ や偏差値といった知的能力のデータなどがありますね。他にも，学籍番号とかクレジットカードの番号なども数字のデータです。これら目に見えるデータ以外にも，自分はやや怒りっぽい人間だとか，几帳面な人間だという心理的な要素も数字化しようと思えば可能です。心理学ではこれらの心理的特性を測るためのモノサシ（心理尺度，あるいはスケール）が開発されていて，これらの心理テストを使えばたちどころに「あなたの怒りっぽさは○○点です」という点数がつくわけです[1]。そしてもちろん，社会調査で得られる回答，つまり市民がどのような意識をもっているか，顧客がどのようなものを望んでいるか，といったものも調査を通じて数字化されます。最近では電子マネーの普及により，現金を扱うことが少なくなりましたが，コンビニエンスストアで電子マネーで支払いをすると，すぐに本社のほうに「○○県に住んでいる何某という 40 代男性が，何時に，どこの店舗で，何という商品を買った」という情報が流れていっていると思ったほうがよいでしょう。もちろんこれは，そうした情報をつかんで顧客の

---

[1] 言い方を変えれば，数値化できなかったり，客観的に採点・評定できないようなものは心理テストとはいえません。

ニーズを明らかにしようとする経営戦略に基づくものであり，その戦略を決めるのにこうした数値データを分析するのです。多変量解析は，こうした目的にも使われているツールです。

これらの数字は人によって，あるいは物によって様々に変わるものです。私の身長とあなたの身長はきっと違うでしょうし，私の家の車とあなたの家の車の排気量だって同じとは限りません（排気量も数字，データです）。このように，個々のケースで変化する数字ですから，変量とか変数というのです。数学的には，一般に変数は x や y といった文字で表現することを，昔「関数」を習ったときに聞いたことがあるのではないでしょうか。

ともかく，このように何らかの対象に付随する数値のことを変量というのですが，多変量というのはこれも字義通り，変量が複数，しかも1つや2つではなく，たくさんある状態です。

多変量解析はたくさんのデータを解析＝分析して，何らかの意味ある情報を取り出そうとするものです。1つのデータからではわからないことでも，たくさんのデータを通してわかってくることがあるからです。例えば，私1人の身長データだけでは，ただ私がどれくらい高いかを知ることしかできませんが，たくさんのデータがあれば，私は平均より背が高いとか，クラスの中で上から数えて何番目に高いとかいった解釈ができるようになります。あるいは多変量を男性のデータと女性のデータに区分し，男性はこういった商品展開を望んでいるが，女性は違う方向での展開を望んでいる，という結果を得たりすることも可能になってきます。

このように，たくさんのデータがあって，ありすぎて困るよというときに，簡単に解釈できるような筋道を立ててくれるものが多変量解析です。あるいは，データを要約して「要するにこれは，これこれこういうグループに分割できる」というような情報の要約，分類ができるもの。それが多変量解析なのです。

1.2　コンピュータにおけるデータの表現

1.2.1　データの収集と整理の基本

多変量解析はコンピュータの発達にともなって，発展してきたといえるでしょう。コンピュータでデータや情報を検索できることがどれほど生活を豊かにしてくれたかは，改めて説明する必要がないほどですね。逆にいえば，検索に引っかからないような形式のデータはデータとしても意味がない，ともいえましょう。

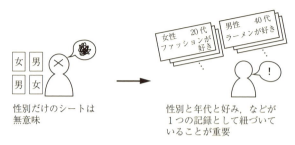

図 1.1　データは紐づいていないと意味がない

　例えば顧客情報を個票で整理していたとします．そのうえで，性別の違いによる特徴をみたい，と考えたとします．このとき，もちろん個票の中に，性別の欄がなければわかるはずがありません．手に入らないデータについては何もいえないのは当然です．また，性別を記録してあっても，性別だけを記載した個票を渡されても意味がないですね．ある性別の人が，他のどういう特徴をもっているか，もう1つの性別と比べてどうか，という比較が大事なのです．そのためには，1つの個票（データ）に性別と調べたい特徴が紐づいている，つまり同時に記載されていることが重要です．言い換えれば，性別で検索すれば，それに関する他の特徴も引き出せること，が大事なのです．

　紐づいた情報があるから検索できる，という考え方は基本中の基本です．また，図 1.1 のように個票で集計，分類するのは大変なので，当然のことながらコンピュータの出番になります．コンピュータは単純な作業を正確かつ高速に行うことができるので，我々はしっかり紐づいた情報を，取りこぼすことなく集め，コンピュータにちゃんと渡してやることが必要になります．

　さて，コンピュータは基本的に計算機なので，データを数字で表現しなければなりません．これはコンピュータが数値処理に長けていて，文字処理に不向きだからです．例えば，とある飲食店で次のようなアンケート調査が行われたとしましょう．

```
当店のサービスはいかがでしたか
  5．非常に満足
  4．やや満足
  3．どちらでもない
  2．やや不満足
  1．非常に不満足
```

このとき，回答は「満足だ」とか「満足じゃない」ということですが，これを「非常に満足だ」と答えてもらったら5，「やや満足」なら4，……「非常に不満足」なら1，というように数値化してコンピュータに渡してあげるのです。

では，「自由にお書きください」なんて書いてあるアンケートの回答はどうするのでしょうか？　実は自由記述というのは，「自由な」反応が返ってくるため，とても数値化しにくいのですが，不可能なわけではありません。例えば，自由記述データはすべて書き出して，これとこれは同じような回答だな，というグループに分ける作業をし，そのグループに番号を振って入力するという方法が考えられます。あるいはもっとコンピュータの力を借りて，自由記述の中からキーワードを検索していき，キーワードに数字をふって分類するということもできます[*2]。ともかく，あらゆる情報を数値化するのが，多変量データを扱う第一歩なのです。

1人分（あるいは1個体，1標本。英語では observation や case，sample などと表現します）の様々な特徴を"紐づけて"記録するためには，1枚のシートで表現するほうが便利です。実際，多変量データは，コンピュータ上では表の形にして扱うことが多いでしょう。データは例えば図1.2のような形に整えましょう[*3]。

ここで，1つの行には1人分（1個体分）のデータが入っているように入力していきます。また，1つの列は1つの変数を表しています。縦には個体，横には変数が並ぶ，というルールです。

縦横に並んだ数字のセットのことを行列といいます。変数を x や y で表すことはすでに述べた通りですが，行列の要素を細かく表現すると，変数 x に添え字をつけて，x_{ij} のように書くことができます。ここで添え字の $_i$ は個体を，添え字の $_j$ は変数を表しています。個体も変数も1から順番に数字を振っていったとすると，

```
> iris
   Sepal.Length Sepal.Width Petal.Length Petal.Width  Species
1           5.1         3.5          1.4         0.2   setosa
2           4.9         3.0          1.4         0.2   setosa
3           4.7         3.2          1.3         0.2   setosa
4           4.6         3.1          1.5         0.2   setosa
5           5.0         3.6          1.4         0.2   setosa
6           5.4         3.9          1.7         0.4   setosa
7           4.6         3.4          1.4         0.3   setosa
8           5.0         3.4          1.5         0.2   setosa
9           4.4         2.9          1.4         0.2   setosa
10          4.9         3.1          1.5         0.1   setosa
```

図1.2　多変量データの一例

[*2]　テキストマイニングという分析方法です。詳しくは，p.218，11.5.1 を参照してください。

[*3]　これは有名な統計学者 R. A. Fisher 先生も分析に使ったという iris（アヤメ）のデータセットの例を示しています。このデータセットは統計環境 R には最初からサンプルデータとして組み込まれているものです。

6   第Ⅰ部　基礎

最初の個体の最初の変数（「出席番号 0001 番さん」の「身長」，といったようなもの）は x_{11} と表されます。2 人目の身長は x_{21} とか，3 人目の体重は x_{32}，というように記号で一般的に表現できます。

　これをただの記号ではなく，背後に意味のある実態があるのだ，ということを忘れないでください。社会調査や多変量解析といった文脈で語られるこれらの記号は，数学の記号だけを考える操作ではなく，その背後にそれぞれの意味ある対象が存在するのです。$x_{49} = 1300$ という記号を見て，「あぁ，49 番目の回答者は 1300cc の車に乗ってるんだ」というように見れば，記号に対する恐怖心もいくらかおさえられるのではないでしょうか。

1.2.2　整然データ

　ところで，行列の形でデータを入力しておくのが一般的で，便利であるという説明をしましたが，逆にいえばそうなっていないデータは分析が難しいということでもあります。例えば，複数のシートにデータが分かれていると「紐づいていない」ので，そこから意味を取り出すことはできません。その他にも，1 つのセルの中に複数の数字が入っているのも分析には向きません。複数回答可としたデータを取ったときに，例えばカンマ区切りで複数の数字が入っていると，コンピュータはそれを「数字」ではなくもはや「文字」として認識してしまうので，統計処理ができなくなるからです。

　多変量解析などデータ分析をするにあたって重要なのは，上で述べた「必要な情報がしっかり紐づけて収集されている」というデータ収集のデザインと，「得られた情報が綺麗に整えられた形でデータ化されている」というデータ整形のデザインに尽きるといっても過言ではありません。特に，データから情報を取り出すときは，取り出しやすい形に整理整頓されている必要があります。実にデータ分析者の作業のほとんどは，データ整形のために時間が使われているのです。

　ではその，集計・計算しやすい綺麗なデータとはどのようなものでしょうか。これについて，RStudio 開発者の 1 人である，Hadley Wickham 氏が提唱する整然データ（tidy data）が 1 つの答えです（Wickham, 2014）。整然データとは次のようなデータとして定義されます。

　・1 行に 1 人（個体，ケース，観測）分のデータが入っていること
　・1 列に 1 変数のデータが入っていること
　・それらの情報がテーブルを形成していること

これが意味するのは，構造と意味が合致するということです。どこが何を表しているか，が形で表現できていることが重要なのです。このように整理されたデータになると，R言語などを用いたデータ分析の際には非常にやりやすくなります。

具体例をみてみましょう。例えば表1.1のような表があったとします。

皆さんはこれを見て，「なるほど，5月の大阪は平均気温が19.2度で，平均降水量は141mmだな」ときちんと読めたと思います。しかしこのデータが表計算ソフトや統計ソフトに入っていると，手を焼くことになります。というのも，私たち人間はルールを表題などあちこち参考にしながら読み取れますが，機械的に集計するには難しいことがあるのです。表1.1の例では，1つのセルに2つの数字が入っていますし，1列に複数の変数（平均気温と平均降水量）が含まれています。また，データの一部が欠けている（6月の大阪）ので，欠損値を除去するのか補完するのかなど，一括処理するには悩まなければなりません。

これを整然データの形にしたのが次の表1.2です。

整然データの定義の通り，1行に1ケース，1列に1変数が入っており，それだけでデータが形成されています。このような形になっていると，例えば全体の平均気温の平均値を求めたいときは，3列目を対象に分析すればよいことになり

表1.1　おもな都市の月平均気温・月降水量（単位：度（月降水量，mm））

	4月	5月	6月
東京	13.9(128)	18.4(148)	21.5(181)
大阪	14.5(145)	19.2(141)	-
福岡	14.2(145)	18.4(144)	22.0(273)

表1.2　おもな都市の月平均気温・月降水量

観測都市	観測月	平均気温（度）	平均雨量（mm）
東京	4月	13.9	128
大阪	4月	14.5	145
福岡	4月	14.2	145
東京	5月	18.4	148
大阪	5月	19.2	141
福岡	5月	18.4	144
東京	6月	21.5	181
福岡	6月	22.0	273

ます（列選択）。4月のデータだけ，福岡のデータだけ分析したいというときは，該当する行だけをピックアップすればよいことになります（行選択）。欠損データはこの表の中には入ってきませんので，例外処理なども考える必要はありません。

このように，整然データにすることで，機械的な統計処理はしやすくなります。これは必ずしも人間にとって読みやすいデータの形ではないかもしれませんが，分析に際してはこのように行，列が何を表しているか，1対1対応しているかが重要なのです。構造と意味が合致する，とはそういうことです。

また，データ行列，データシートには，分析対象となるデータだけを入れるようにすることも重要です。表計算ソフトなどを用いると，行や列の平均値などを計算する関数があるため，データシートの中でそれを算出して検討したくなるかもしれません。しかし，進んだ分析をするためには，「データそのもの」と「データを用いた計算」はしっかり区別するべきです。データ行列，データシートはデータそのものだけを保存し，それ以外のデータから得られる指標や数値などはデータシートに含めないようにするのです。データを用いた計算は，結論にいたるまでの思考の筋道でもあるので，どのような計算をしたか，しっかりと記録しておく必要があります。このことは専門的に「再現可能性を担保する」，といいますが，これは自分にとってメリットがあるだけでなく，科学的な研究をするうえで欠かせないことでもあります[4]。

1.3 データの特徴に基づく分類法

物理学や工学の世界とは違って，生きた人間の特徴をデータにするという人文社会科学，あるいはソフトサイエンスの世界では，データとなる数字は測定の方法によって特徴づけられます。

測定とは，何らかの対象や，人，出来事などに一定のルールに従って数値を割り当てることです。このルールは，その数字がどのような意味をもっているか，どのような特徴をもっているか，を決めることにもなります。同じ数字であっても，取り出し方や使われ方しだいで，分析方法も変わってくるからです。それでは分析方法に対応した数字の分類をみていきましょう。

---

*4　詳しくは高橋（2018）を参考にしてください。

第1章 多変量データ　9

1.3.1　尺度の4水準

　測定の物差し（尺度）から得られる数字は，可能な数値計算の種類に応じて4つのレベルに分けることができます。これを尺度の4水準とよびます。4つの尺度水準は，可能な算術処理の程度の順に，名義尺度水準，順序尺度水準，間隔尺度水準，比率尺度水準とよばれます。

名義尺度水準

　名義尺度水準は，区別できる項目をいくつかのカテゴリ，またはグループに分類するものです。この場合，それぞれのカテゴリやグループは，数値に直接的な関係をもちません。ただ名義上，その数字をつけたというだけです。数字と対象が1対1に対応していることが特徴で，数学的には最も意味がない数字ともいえますが，対象そのものを指し示しているのですから，最も意味がある数字ともいえます。

例1　性別など
　男→1とし，女→2として入力する。

　ただし，ただのラベルに過ぎないので，この水準のデータは，**四則演算**ができませんし，数値の大小比較もできません。

例2　誤った表現
　男性を1，女性を2としてデータを入力したところ，性別の平均値は1.5であった。

　数量的な分析をするためには，もう少し数字としての意味を付与する必要があります。

順序尺度水準

　順序尺度水準はその名の通り，数値が順序や序列，大小関係を反映している，という水準です。

10　第Ⅰ部　基礎

例3　広島が2位以下に圧倒的差をつけて優勝

表 1.3　2018 年度ペナントレースの結果

順位	球団	試合	勝利	敗戦	引分	勝率	勝差
1位	広島	143	82	59	2	0.582	優勝
2位	ヤクルト	143	75	66	2	0.532	7.0
3位	巨人	143	67	71	5	0.486	6.5
4位	DeNA	143	67	74	2	0.475	1.5
5位	中日	143	63	78	2	0.447	4.0
6位	阪神	143	62	79	2	0.440	1.0

　表 1.3 にあるように，プロ野球の場合，ペナントレースで重要なのは順位であって，トップが独走することもあれば，上位 3 チームが混戦を繰り広げる場合もあります。しかし優勝に際して重要なのは，2 位以下のチームとの差ではなく，順位がどこであったか，です。

　このような順序を表す数値が順序尺度水準とよばれます。この水準の数字は，名義尺度水準のように数値としての意味がないのではなく，大小関係を表す数字です。質問紙調査などの場合，点数をつけるのが難しくとも，順位をつけることはたやすいという事例は枚挙にいとまがありません。例えば社会調査において，年収や世帯収入などについて聞きたい場合，具体的な数字で回答を求めるのは難しくても「〜 200 万円」「200 〜 400 万円」「400 〜 600 万円」等々のように順番に区切って選択肢を提示することは可能でしょう。

　ただし分析にあたっては，順序尺度水準の変数は数値計算ができない（例えば，1 位と 2 位を足して 3 位にする，ということはできない）ので，順序性をもったカテゴリに反応が生じるモデルを適用するなど，注意が必要です。数値計算ができるように，もう少し条件を追加したのが次の間隔尺度水準です。

間隔尺度水準

　間隔尺度は，順序尺度や名義尺度よりも，量的な意味があります。というのも，間隔尺度水準は，順序尺度水準に加えて数値間の等間隔性という条件を加えたものだからです。間隔の幅が等しいので，足し算・引き算をすることができます。

第1章　多変量データ　　11

例4 温度

摂氏 10 度と摂氏 20 度の間隔は 10 度である。摂氏 20 度と摂氏 30 度の間隔も 10 度である。両者は同じ間隔であるといってよい[*5]。

質問紙調査などで,「『大変当てはまる』を 1 点,『まったく当てはまらない』を 7 点とした 7 件法でデータを取った」ということがよくありますが, このとき得られるデータは間隔尺度水準のものとみなすことが一般的です。すなわち,「大変当てはまる」と「かなり当てはまる」の差は,「どちらかといえば当てはまる」と「どちらでもない」の差に等しいと仮定して分析をすることが慣例です[*6]。

間隔尺度水準は, 足し算・引き算はできる数字ですが, 掛け算・割り算は正しい計算になりません。次のような例が考えられるからです。

例5 温度の比?

摂氏 100 度の鉄板 A は, 摂氏 50 度の鉄板 B の 2 倍熱いわけではありません。仮に水の沸点を 200, 水の氷点を 100 とした新しい温度体系, 仮にエヌ氏というのを考えれば(同じ 100 等分なので, 目盛りの大きさは同じ), 摂氏 100 度=エヌ氏 200 度, 摂氏 50 度=エヌ氏 150 度であり, 鉄板 A は B の 1.3 倍熱い, ということになります。どちらも摂氏 50 度=エヌ氏 50 度の温度差なのに!

この問題を解決するためにさらに条件を追加したのが, 4 水準の最高ランクである, 比率尺度水準の数値です。

比率尺度水準

これが尺度水準としては最高のもので, 的確な順序, 間隔, および原点となる 0 点があります。加減乗除, すべての算数的演算が可能です。

例6 質量

100kg ÷ 50kg = 2 であるから, 前者は後者の 2 倍重いといえる。

[*5] 摂氏はスウェーデン人のセルシウス(Celsius)が提案した温度系で, 水の沸点を 100, 氷点を 0 として, その間を 100 等分した値。セルシウスさん=摂氏, という当て字が語源です。

[*6] そんなはずはない, と思う人もいるかもしれません。統計学的な観点からは, このような反応カテゴリは順序尺度水準であるととらえますが, 実践上の理由から間隔尺度水準とみなして分析しているに過ぎません。最近は計算機や統計モデルの発展によって, 順序尺度水準としての分析モデルを当てはめることが増えてきました。

12 第 I 部 基礎

　間隔尺度との大きな違いは，0 点が「ない」ことを意味している，という点です。0 kg は重さがないこと，0 cm は長さがないこと，を意味しています（摂氏 0 度は温度が「ない」わけではありません）。原点があるので，そこからの距離を基準に比率を考えることができるため，掛け算や割り算ができるのです。

　社会調査で得られる数字として，比率尺度水準のものはそれほど多くないでしょう。一方，物理学などの単位系は比率尺度水準のものが多いといえます。物理学などハードサイエンスが数学を武器に大きく発展したのは，測定の値や単位について悩まなくてよかったからともいえるでしょう。人文社会科学では，測定した値が人によって違うかもしれない，感覚や気分，そのときの状況によって変わるかもしれない，というあいまいなものを対象にしています。喜びや悲しみ，美しさや醜さなど，人間の感覚的な判断には絶対的な単位がないため，せいぜい間隔尺度水準の数字しか得られないでしょう。だから不確実で，予測が難しく，だからこそ面白いともいえます。

　ともあれ，実際のデータ分析では，変数がどの水準に該当するかをよく理解し，水準に見合った分析をしなければならないことに注意しましょう。

1.3.2　分析の観点からみたデータの違い

　尺度水準の違いは，数値がどの水準で与えられたのかによって，できる演算とできない演算が生じるので，分析方法が変わってくるという点に注意が必要です。

　ところで，上位の水準にあるデータは，より下位の水準のデータとして計算することが可能です。すなわち，順序尺度水準でとったデータを名義尺度水準のように扱うことはできるのです。より上位水準にあるデータは，下位水準の条件をすべて満たしているからなのですが，この逆は成立しません。さて，ではすべて名義尺度水準であると考えて，分析をしていけば間違いないじゃないか，と考える人もいるかもしれません。そのアイデアは，悪くはないのですが，実際には 2 つの意味で問題があります。

　1 つは現実的な理由です。例えば身長のデータを集めたとします。身長は物理的な単位で測定できるし，絶対 0 点ももっているから最高レベルの比率尺度水準の数字です。さて，170.3cm の人が 1 人，170.5cm の人が 1 人，170.4cm の人が 1 人……と名義尺度水準とみなして度数分布を数えることは可能ですが，これは非常に煩雑だと思いませんか。厳密なことをいえば，170.3cm というのも 170.34cm と 170.36cm で違うかもしれません。それに 1 つずつラベルをつけて，他の変数と逐一対応づけていくのは大変です。これはやはり「長さ」という 1 つ

の次元上に乗った数字として，平均を出すなどの集計ができるようにしたほうが，現実的ではないでしょうか。

　もう1つは，その数字がどういう背景から生まれてきたものか，というのを考えるときの問題があります。統計学では，先に進むと「確率分布」の考え方が出てきます。手元にある数字がどのような散らばり，すなわち分布したものから得られているのか，ということが分析の鍵になってくるのです。このとき，名義的な分布を仮定することと，連続的な分布（例えば正規分布など）を仮定することでは，ずいぶんと違うことになるのです。

　身長のようなデータは効率の面からも，その背後に想定する分布・メカニズムの観点からも，比率尺度水準として扱うのが妥当でしょう。さて，この後者の確率分布の観点から考えると，尺度の4水準とは違う形でデータの分類をすることができます。確率分布は大きく2種類に分けることができます。離散分布と連続分布です。

離散分布

　離散というのは，数字と数字の間に隙間がある（離れている）ということです。例えばコイントスをすると，表か裏が出ますね。「表でもあり裏でもある」とか「表と裏のちょうど間がでる」ということはありません[7]。このように，実現値が相互に排他的なカテゴリ区分に分割されるものが離散変数であり，離散変数が従うのが離散分布とよばれるものです。先ほどの尺度水準の例でいうと，名義尺度水準と順序尺度水準がこれに当たります。さらにこの中でも，特に次のように分類されます。

■**2値データ**　先ほどの表か裏か，という分類はわかりやすく，いろいろな応用が可能です。男か女か，生か死か，合格か不合格か，正答か誤答か，など2種類に分類するようなデータは特に2値データとよばれます。

■**それ以外の離散データ**　サイコロの出目や，どの政党を支持するかなど，カテゴリカルだが2つ以上の値を取る場合は，離散データでありカテゴリカル分布に従うと考えられます。尺度水準でいうところの，名義尺度水準に対応しています。

　ちなみに，順序尺度水準の数字もカテゴリカル分布に従うものと考えられるの

---

[7]　コインがピタリと立ったらどうする？という反論は今は置いておきましょう。その場合は，「表，裏，直立」の3つのカテゴリに完全に分類される，とでもすればよいでしょう。

で，このグループに入ります。順序尺度水準は数字としての大小関係という意味をもってはいるのですが，例えば意見の「非常に賛成（5 点）」と「やや賛成（4点）」の間は，比率尺度や間隔尺度のように厳密な中点を置くことができません。「だいぶ賛成」とか「"非常に"寄りの"やや"」などのラベルを貼ったとしても，それが人によって同じ中点を意味しているといい切ることもできないからです。

■カウントデータ　思い出した単語の数，一定時間に数え上げた道路の交通量，SNS でつながっている友だちの数など，「数える」ことに基づくデータは離散的です。友だちが 10.5 人，ということがないからです。また，負の数を取ることはありません。必ずゼロ以上の整数の値を取るはずです。データが得られる背後のメカニズムとしては，これは特にポアソン分布というのが考えられています。ポアソン分布から得られるデータは，平均が大きければ正規分布のように考えることもできますが，原理的に負の数を取りませんし，左右対称にならない歪んだ分布が得られるので，連続量とは別に「カウントデータ」として分類されます。

連続分布

　連続というのは，数字と数字の間にどこまでも中間点が見つかるということでもあります。身長の例では，170cm と 171cm の間に 170.5cm を考えることができます。170cm と 170.5cm の間に 170.25cm を考えることができます。170cm と170.25cm の間に 170.125cm を考えることができます。などなど，「測定の限界」はあるにせよ，原理的にはどこまでいっても中間点があります。これが連続した数字であり，連続した数字を生成する分布のことを連続分布とよびます。

■量的データ　間隔尺度水準，比率尺度水準の数字は，いずれも連続量を仮定できるので，この観点からは同じものです。実際に分析するときも，間隔・比率の違いはそれほど影響せず，まとめて量的なデータとして扱うことができます。量的なデータに対応する確率分布は非常にたくさん考えられています。しかし，多変量解析の文脈では，正規分布を前提として考えることがほとんどです。正規分布については，詳しくは後ほど説明します。

　このように，分析にあたっては尺度の 4 水準による区別よりも，「2 値」「名義」「順序」「カウント」「連続」の違いを区別することが重要です。尺度の 4 水準では，

名義と順序の2つを質的データ，間隔と比率の2つを量的データといって区別するという慣例もあります。ただし，今後の分析のことを考えると，ここで述べた確率分布に基づく分類に慣れておいたほうがいいでしょう。

1.4　データの相と元

数値の意味については，前の節で述べた4水準に注意すればよいのですが，データ全体としてみた場合に，もう1つ気をつけておかなければならない区別があります。それがデータの相（mode）と元（way）という区分です。

1.4.1　データの相

「相」による区別とは，簡単にいえば，データを構成する対象の種類がいくつあるか，ということです。例えば，プロ野球セ・リーグ6球団の勝敗表を考えてみましょう。ペナントレースでは自分以外のチームと総当たり戦をしていますから，6×6の表ができ上がります（表1.4）。

この数値データは6球団だけからでき上がっているデータですから，データの種類は1つ，つまり1相のデータといいます。

では，社会調査を行って，どの球団が人気があるかを調べてみたとしましょう。データは例えば，表1.5のようになるでしょう[8]。

このデータを構成しているのは，回答者と球団の2種類ですね。こういうデータは2相のデータといいます。ほとんどの社会調査データは，回答者がある問題やことがらに回答する，という形式なので2相以上のデータです。

3相以上のデータというのも存在します。3相データは例えば，回答者が車メ

表 1.4　2017 年度セントラルリーグ結果

	対 広	対 神	対 De	対 巨	対 中	対 ヤ
広島	***	14-10(1)	12-13	18-7	15-8(2)	17-7(1)
阪神	10-14(1)	***	14-10(1)	10-13(2)	16-9	18-7
DeNA	13-12	10-14(1)	***	9-15(1)	15-7(3)	17-8
巨人	7-18	13-10(2)	15-9(1)	***	14-11	17-8
中日	8-15(2)	9-16	7-15(3)	11-14	***	15-10
ヤクルト	7-17(1)	7-18	8-17	8-17	10-15	***

---

[8]　ここで「非常に好き」は5，「やや好き」は4，……というように，回答をコード化してあるものとして考えてください。

16　第 I 部　基礎

表 1.5　球団好意度調査

回答者	広島	阪神	DeNA	巨人	中日	ヤクルト
A	5	4	2	3	5	2
B	1	2	4	5	2	5
C	2	1	5	2	3	3
D	2	2	3	4	5	1
⋮	⋮	⋮	⋮	⋮	⋮	⋮

ーカーの車種について評価する，というものなどがそうです．トヨタのセダン，ホンダのセダン，マツダのセダン，トヨタのバン，ホンダのバン，……というようにメーカーと車種の組み合わせそれぞれについての評価を与えるときなどは，「回答者」「メーカー」「車種」という 3 つの相からでき上がったデータになります．複数の対象を比較するデータの場合は相が増えていくことがあります．例えば心理学では Semantic Differential 法（SD 法，意味微分法ともよばれています）でイメージの調査をする，ということがありますが，この方法で得られるデータは3 相データです．さらに相の多い例として，例えば 4 相のデータは，「回答者」がある「時間帯」のある「チャンネル」における「テレビ番組」を評価する，というような例が考えられます（例えば 6 時台における NHK のニュースの印象評定，9 時台における TBS のバラエティ番組の印象評定，など）．

　もちろんそれ以上の多相データも考えられますが，多すぎるものはあまり実際的とはいえません．現に，社会調査で得られるデータのほとんどが 2 相データであり，多変量解析モデルは 2 相データ用のものを中心に発達してきています．3相データになれば 3 相データ用の，4 相データになれば 4 相データ用の分析モデルを構成しなければならないのですが，そのようなデータを集めるのも難しければ，結果の解釈も混沌としたものになりがちだからです（上の 4 相の例でも十分面倒な構造だったでしょう？）．

1.4.2　データの元

　相がデータを構成する対象の種類であったのに対し，元はそれを何度組み合わせたか，という区分です．例えば 1 相データの例であげた野球の勝敗表は，6 球団が総当たり戦なので 6 球団 × 6 球団，と 2 回掛け合わせたことになります．そこでこのデータは 1 相 2 元データということになります．

　表 1.5 の例は，回答者 × 球団，という形式なので 2 種類が 2 回で 2 相 2 元データといいます．多くの社会調査データは 2 元データですが，3 元以上のデータと

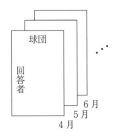

図 1.3　3 元データの例

いうのは例えば，回答者×球団，という調査を時系列に沿って行った場合（縦断的調査）などにみられます。データの構成は 2 種類（回答者と球団）で変わりないのですが，それが 4 月分のデータ，5 月分のデータ，と何度もくり返されて調査されたとしましょう。そうするとこれは回答者×球団×調査時期，という 3 元データになります（図 1.3 参照）。

　くり返しになりますが，多変量解析の多くは 2 相 2 元のデータを分析するためのモデルです。多相多元データを直接扱うデータモデルはそれほど多くありません。コンピュータの発達が今ほど進んでなかった時代は，データを 2 相 2 元とみなして分析するような方法が採られていました。例えば 3 相データは 1 つの相（例えば車種）を足し合わせるなどしてつぶし，回答者×メーカーのデータという形に組み替えたり，3 元データの第 3 の軸を集計して分析するなどの手法を適用するのです。しかし最近は，構造方程式モデリングやベイジアンモデリングなど，表現が容易な多変量解析法が開発されており，多相データも比較的簡単に扱えるようになっています。

引用文献

高橋康介（2018）．再現可能性のすゝめ（Wonderful R 3）　共立出版
Wickham, H.（2014）. Tidy data. *Journal of Statistical Software*, **59**(10), 1-23.

第2章 代表値の計算

2.1 記号に慣れておこう

　以下では,より一般的に解説をするため,変数名や数値を記号で表します。ここでもう一度,その意味をおさらいしておきましょう。
　我々が測定したい対象は,人によって変わる数値をもつものであり,これを一般に**変数**といいます。ある個人 i さんの変数 x に関して得られた数値は,x_i と表記します。また,変数が複数ある場合は,x_{ij} と書くことで,i の j に関する数値であることを表します。添え字が複数ある場合は,それぞれが何を意味しているのか,注意書きをすることが普通です。総和を表す記号,Σ(シグマと読む)は以下のような意味です。

$$\sum_{i=1}^{N} x_i = x_1 + x_2 + x_3 + \cdots + x_N$$

これらの記号を用いて,例えば算術平均 $\bar{x}$[*1] は

$$\bar{x} = \frac{1}{N} \sum_{i=1}^{N} x_i \qquad [2.1]$$

と表すことができます。
　この Σ は多変量データを扱ううえで何度も出てくるものなので,その特徴について少し慣れておいたほうがいいでしょう。基本的には次の3つの特徴を知っていれば十分です。

2.1.1 定数の総和について

　まず,$\sum_{i=1}^{N}$ は,i という添え字が1から N まで変化する,ということを示して

[*1] $\bar{x}$ はエックスバーとよみ,平均を意味する記号として使われることが一般的です。

いる点に注目してください。1，2，3，……と書くのが面倒なのでこの記号を導入したのです。では，iという添え字が付いてない変数，つまり変化しないので定数ですが，その場合のΣの計算はどのようになるでしょうか。

$$\sum_{i=1}^{N} c = (c + c + c + \cdots + c) = Nc \qquad [2.2]$$

例7

$$\sum_{i=1}^{5} 2 = (2 + 2 + 2 + 2 + 2) = 5 \times 2 = 10$$

ここにあるように，添え字がないということは変化しないということです。つまり，ある一定の数cをN回足すわけですから，これはNc（cのN倍）に等しくなります。これを応用すると，次のようなことがわかります。

$$\sum_{i=1}^{N} x_j = (x_j + x_j + x_j + \cdots + x_j) = Nx_j \qquad [2.3]$$

$$\sum_{i=1}^{N} \bar{x} = N\bar{x} = N\frac{1}{N}\sum_{i=1}^{N} x_i = \sum_{i=1}^{N} x_i \qquad [2.4]$$

式2.3は，変数x_jをiが1からNまで足していくことを表しています。x_jはiによって変化する数ではありません（jによって変化する数）から，ここでは一定の数字とみなせるので，Nx_jとなります。このように，ついている添え字が重要な意味をもつことがありますので，小さなところにまで目を向けるようにしてください。もっとも，このような例は実際場面では少ないですし，またΣの表記は添え字が明らかな場合，一般に省略して，

$$\sum_{i=1}^{N} x_i = \sum_{i}^{N} x_i = \sum x_i$$

と書かれる場合もあります。

さて，式2.4は，変数x_iの平均値，$\bar{x}$をN回足していますね。平均値は定数（変化しない数）ですから，単純にN倍したものになりますが，平均値の式そのものにΣが含まれていますから（式2.1参照），書き直すと変数x_iの総和になります。

2.1.2 定数が掛けられた変数の総和について

足し合わされる変数に定数が掛かっている場合，次のように展開できます。

$$\sum_{i=1}^{N} cx_i = (cx_1 + cx_2 + \cdots + cx_N) = c(x_1 + x_2 + \cdots + x_N) = c\sum_{i=1}^{N} x_i \qquad [2.5]$$

20　第Ⅰ部　基礎

例8

$$\sum_{i=1}^{3} 2i = (2 \times 1 + 2 \times 2 + 2 \times 3) = 2(1 + 2 + 3) = 2\sum_{i=1}^{3} i$$

これも先ほどと同じく，添え字 i がついてないものは Σ の影響を受けない，と同じ考え方です。

2.1.3　分配規則について

2つの変数の和を総和することを考えると，次のような性質がみられます。

$$\begin{aligned}
\sum_{i=1}^{N}(x_i + y_i) &= (x_1 + y_1 + x_2 + y_2 + \cdots + x_N + y_N) \\
&= (x_1 + x_2 + \cdots + x_N + y_1 + y_2 + \cdots + y_N) \qquad [2.6] \\
&= \sum_{i=1}^{N} x_i + \sum_{i=1}^{N} y_i
\end{aligned}$$

つまり，x_i と y_i を足したものを総和する場合，個別に総和したものどうしを足し合わせればよいことになります。これを分配規則といいますが，この Σ の記号が分配できるのは，加法（減法）だけであることに注意しましょう。積の場合はこのような分配が成立しないのです。

$$\sum_{i=1}^{N} x_i y_i \neq \sum_{i=1}^{N} x_i \sum_{i=1}^{N} y_i \qquad [2.7]$$

これは実際に計算してみればすぐにわかるので，表2.1をみて，確かめておきましょう。

例9　表2.1より

$$\begin{aligned}
\sum_{i=1}^{5}(x_i + y_i) &= (2 + 5 + 4 + 2 + 2 + 4 + 3 + 3 + 1 + 6) \\
&= (2 + 4 + 2 + 3 + 1) + (5 + 2 + 4 + 3 + 6) = 32
\end{aligned}$$

表2.1　かけ算は分配法則が成立しない

i	x_i	y_i	$x_i + y_i$	$x_i y_i$
1	2	5	7	10
2	4	2	6	8
3	2	4	6	8
4	3	3	6	9
5	1	6	7	6
Σ	12	20	32	41

2.2 情報の数値化

データは1つ（1人分）だけ見ていても，何の情報も得られません。表2.2を
みて，「あぁこの子は理科が得意なのね」といえるでしょうか？　理科の学級平
均が80点だったりすると，もはや理科の成績がよいともいえないのではないで
しょうか？

表2.2　1人では情報量がない

	国語	算数	理科	社会	英語
Aさん	65	68	72	55	60

しかし，表2.3のようにデータの数が増えると，得られたデータの中の平均値
が得られるので，何らかの傾向がみえてくるでしょう。例えば表2.2のAさんの
データも，国語が65点と悪くないと思ったら，平均より下なのでがっくり，と
いうことがあるでしょう。

平均値は，こういったテストの平均得点など，ほとんどの人にとって身近な指
標ですね。このように，たくさんのデータから得られる情報を，1つの値で表現
したものを，代表値とか要約統計量などとよびます。データの情報を要約して表
現するのは，平均値だけではありません。平均値はデータの真ん中はどの辺りに
あるか，というデータの中心，あるいは中間点を表す指標になりますが，この中
心に関する指標だけでも，他に中央値 median[*2] や最頻値 mode[*3] とよばれるも
のがあります。

またデータの代表値は"中心"に関するものだけではありません。すでに述べ
たように，多変量解析の文脈では，変数の数が多いですから，他の変数とどの程
度関係しているか，ということが重要です。そこでデータの代表値として，散ら

表2.3　変数が増えると情報が増える

	国語	算数	理科	社会	英語
Aさん	65	68	72	55	60
Bさん	70	59	64	62	60
Cさん	52	63	74	43	60
Dさん	80	59	52	82	60
Eさん	68	51	62	38	60
平均点	67.0	60.0	64.8	56.0	60.0

---

*2　データを大きい順に並べたとき，ちょうど真ん中の順位にある値のこと。
*3　最も頻度の多い値のこと。

22   第Ⅰ部　基礎

ばらに関する指標，**共分散**と**分散**について説明しておきましょう。

2.2.1　共分散で共変動がわかる

2つの変数があって，それぞれに平均値が算出できたとします。この平均値を基準に，データが同じ方向に動くかどうかを考えることが，変数どうしの関係の強さを算出する手がかりになります。変数どうしが同じ方向に動くということを，**共変動**するといいます。

正の共変動をする，というのは，一方が平均値より高いとき，他方も平均値より高く，その逆も成り立つ，ということです。記号を使って表現すると，2つの変数 x と y とがあって，$x_i > \bar{x}$ のとき，$y_i > \bar{y}$ である，ということが（正の）共変動をしている，ということになります[*4]。

こういった共変関係を数値化した指標を，**共分散**（covariance）といいます。共分散 s_{xy} の算出式は，以下の通りです。

$$s_{xy} = \frac{1}{N} \Sigma (x_i - \bar{x})(y_i - \bar{y}) \qquad [2.8]$$

これは展開すると，

$$= \frac{1}{N} \sum_i (x_i y_i - \bar{y} x_i - \bar{x} y_i + \bar{x}\bar{y})$$

$$= \frac{1}{N} \sum_i (x_i y_i) - \frac{1}{N} \sum_i (\bar{y} x_i) - \frac{1}{N} \sum_i (\bar{x} y_i) + \frac{1}{N} \sum_i (\bar{x}\bar{y})$$

$$= \frac{1}{N} \sum_i (x_i y_i) - \bar{y} \frac{1}{N} \sum_i x_i - \bar{x} \frac{1}{N} \sum_i y_i + \bar{x}\bar{y} \qquad [2.9]$$

$$= \frac{1}{N} \sum_i (x_i y_i) - \bar{x}\bar{y} - \bar{x}\bar{y} + \bar{x}\bar{y}$$

$$= \frac{1}{N} \sum_i (x_i y_i) - \bar{x}\bar{y}$$

となります。実際に手計算して共分散を計算するときは，最後の式の形が使われることが多いでしょう[*5]。

さて，定義式に戻って総和しているものの中身を見てみますと，変数 x と y とが平均からそれぞれどちらの方向にズレているかを算出して，それを掛け合わせていることがわかります。各測定値の平均からのズレのことを，特に「平均偏差」とよびます。

具体例で考えてみましょう。表2.3の国語と社会について抜き出したのが，表2.4です。これを見ると，A さんは国語も社会も平均以下（国語は平均より −2，

[*4]　x と y の添え字が同じ i になっていることに注意してください。
[*5]　もっとも，表計算ソフトや統計ソフトが発達した昨今，手計算をすることがそもそも少ないでしょうけど。

表 2.4 国語と社会の共分散

	国語(x)	社会(y)	$x_i - \bar{x}$	$y_i - \bar{y}$	$(x_i - \bar{x})(y_i - \bar{y})$
Aさん	65	55	-2	-1	2
Bさん	70	62	$+3$	$+6$	18
Cさん	52	43	-15	-13	195
Dさん	80	82	$+13$	$+26$	338
Eさん	68	38	$+1$	-18	-18
平均点	67	56	0	0	107

社会は平均より -1)だし，Bさんは逆にどちらも平均以上（国語は平均より $+3$，社会は平均より $+6$）です．3列目と4列目を見ると，Eさんだけちょっと違うパターンですが，各変数の平均からのズレは同じ符号になっていることが多いようです．ということは，国語と社会の点数は同じ方向に動く傾向がある，ということですね．3列目と4列目を掛け合わせた5列目が，ほとんど正の数になっていることが，それを表しています．

同じ方向に動く程度の平均値（この例では 107）が，共分散とよばれる指標です．

共変動が逆方向に大きくなる場合もあります．つまり，一方がプラスで他方がマイナスという傾向が強い場合は，その平均は負の数になります．共分散は負の値を取ることもあるのです．

共変動の傾向が読み取れない場合，共分散は0に近くなります．このとき，変動傾向はプラスになることもあればマイナスになることもあるよ，ということですから，一方向的な関係が読み取れないということでもあり，共変動の観点から「2つの変数は無関係である」と言わざるをえません．

2.2.2 共変関係とデータの散布図

このようにして算出される共変関係の特徴を，視覚的に確認しておくことも重

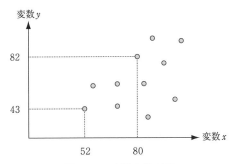

図 2.1 2 変数の散布図

要です．2つの変数をそれぞれ縦軸，横軸にとり，データの散布図として考えてみましょう（図2.1）．

x_i の $\bar{x}$ からの偏差，y_i の $\bar{y}$ からの偏差は，それぞれ図2.2，図2.3のように表

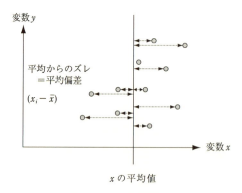

図2.2　x_i の平均偏差

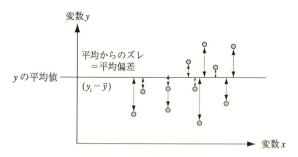

図2.3　y_i の平均偏差

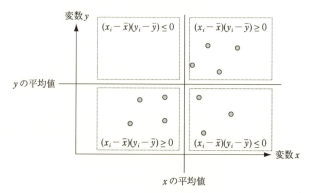

図2.4　平均偏差を重ねると

現できます。

共分散で計算しているのは，この2つの平均偏差を同時に考えたとき，データがどのエリアに多く含まれるかということです。図2.4にあるように，正の共変関係にある場合は，右上と左下のエリアにデータが多く含まれることになります。また，負の共変関係にある場合は，左上と右下に多く含まれることになります。

こうしてみると，共変動とは右上方向か左下方向か，というデータ分布の方向性を表しているともいえるでしょう。

2.2.3 分散は変数から引き出せる情報量

さて，共分散は2変数xとyの共変動を表す数値でしたが，ここで変数xとxの共変動を考えてみましょう。2つが同じ変数ですから，動く方向は完全に一致しています。だからこの数値は，共変動の量というより，1つの変数が変化する，その動きの大きさそのものを表している数値だといえます。

この数値を特に分散（variance）といい，測定値が平均からどれくらい散らばっているかを表す指標として使われます。多変量解析で共変動を考えるとき，他の変数と一緒に変動するかどうかが重要になってくるわけですから，まずその変数自身が単体でどれほど変動しているか，その幅を見積もっておくことは重要です。逆に考えると，分散が0のデータはまったく変動していない（すべて同じ数字）ことを意味しますから，多変量解析にとっては役に立たない変数ということになります。

例えば表2.3の英語は，皆60点です。計算するまでもなく平均は60で，分散は0です。さて，ここからどのような情報が得られるでしょうか。実は，何もわからないのです。英語というテストをしてみても，A〜E君の区別をつけることができません。つまり，1人ひとりの特徴がわかる情報がありません。さらに他教科と比較しても，英語については全員同じ点数なので，「社会では勝っているが，英語では……」「国語はダメでも英語は……」という比較もできません。言い換えれば，英語のもっている情報量はゼロです。このことからわかるように，**分散とは変数から引き出すことのできる情報量**のことでもあります。社会調査などでも，分散が小さい項目からはあまり情報が得られない，ということを覚えておいて欲しいのです[*6]。

[*6] 例えば「犯罪を犯すのはよくないことだと思いますか」という調査項目は，ほとんどの人が「そう思う」になるので，分散がゼロ近くになり，意味のない項目です。もっとも，「そう思わない」という人を見つけ出して捕まえる，という調査以外の目的があれば別です。

なお，分散 s_x^2 は次の式で定義されます。

$$s_x^2 = \frac{1}{N}\sum_{i=1}^{N}(x_i - \bar{x})(x_i - \bar{x}) = \frac{1}{N}\sum_{i=1}^{N}(x_i - \bar{x})^2 \qquad [2.10]$$

これは以下のように変形できます。手計算することがあれば，使ってみてください。

$$s_x^2 = \frac{1}{N}\{(x_1^2 - 2x_1\bar{x} + \bar{x}^2) + \cdots + (x_N^2 - 2x_N\bar{x} + \bar{x}^2)\}$$

$$= \frac{1}{N}\{(x_1^2 + x_2^2 + \cdots + x_N^2) - 2\bar{x}(x_1 + x_2 + \cdots + x_N) + N\bar{x}^2\}$$

$x_1 + x_2 + \cdots + x_N = N\bar{x}$ なので，$\qquad\qquad\qquad [2.11]$

$$= \frac{1}{N}\{\sum x_i^2 - 2\bar{x}(N\bar{x}) + N\bar{x}^2\}$$

$$= \frac{1}{N}\sum x_i^2 - \bar{x}^2$$

さて，分散や共分散は，2つの変数を掛け合わせているため数値が大きくなりがちです。特に分散は，変数単体としての変動量を表しているのですから，素点と比較して考えることができたほうが便利ですね。分散は二乗が肩に乗っかっていますから，これの平方根を取れば，素点との比較次元が共通したものになります。分散の正の平方根のことを，特に**標準偏差**（standard deviation）といい，以後の分析でもよく用いられます。

$$s_x = \sqrt{s_x^2} \qquad\qquad\qquad\qquad [2.12]$$

この標準偏差は，その変数がもつ"変動量の1単位"を表していると考えられるので，単位の異なる変数のサイズを整えて比較するときなどによく用いられるのです。

このサイズを整えるという作業は標準化とよばれます。次に標準化のプロセスについてみていきましょう。

2.3　標準偏差と標準化

変数のサイズを整えることを標準化といいます。この標準化のメリットは，**単位を気にせず変数どうしの比較ができる**ということです。我々がデータとして得る変数には様々な単位がついています。それが cm であったり，kg であったり，円であったり，7件法の5点，といったものであったりします。しかしこの数字それぞれを，このまま比較することに意味はありません。身長175cm の人間が，

7件法の5点に丸印をつけたからといって，「5と175では175のほうが大きい」という意見にはなんの意味もないことはすぐにおわかりいただけるでしょう。

それでも身長と体重の関係をみたり，身体的な特徴と心理的な特徴の関係をみたいということがあれば，それぞれの数字を比較検討する必要はあります。では単位が違うものどうしをどのようにして比較すればよいのでしょうか。これは簡単にいえば，平均からどれくらいずれているか，という変動幅の平均を数値化することによって可能になります。変動幅の平均とは分散ですが，元の変数と同じ単位をもっている標準偏差のほうが有用です[*7]。先ほど，（身長の）175と（尺度値の）5では比較できないといいましたが，身長は平均から標準偏差1.3個分高く，5点という尺度値（回答）は全体の平均より標準偏差0.3個分小さい，ということがわかれば，「平均からの相対的な位置」という基準で比較し合っていることになります。

例として表2.5にあるように，ある少年の身長と国語の点数，および「幸せを感じることが多い」という問いを7件法で回答してもらった変数を標準化してみましょう。標準化された得点は特に，z得点とよばれます。表から少年は身長が平均変動幅（SD）の1.4個分高く，国語の点数はSDの0.8個分低いことがわかります。また，尺度値への回答は平均を大きく上回っており，その平均値からの離れ方は身長のそれ以上である，ということができます。

標準化された得点，すなわちz得点の計算方法は次の通りです。

$$z_i = \frac{(x_i - \bar{x})}{s_x} \qquad [2.13]$$

z得点の平均はいずれも0，標準偏差は1です。別の言い方をすれば，標準化とは，**平均値を0に，標準偏差を1.0に整える**ことともいえるでしょう。ちなみに学力テストなどで用いられる**偏差値**とは，このz得点に10を掛け，50を足したものです[*8]。

表2.5　標準化すると相対的位置で比較できる

	素点	平均値	SD	z得点
身長	175	160	10.5	1.4286
国語の点数	55	60	6.0	−0.8333
尺度値	5	3	1.1	1.8182

---

*7　例えば身長（単位cm）の分散は，二乗した値ですので単位でいえばcm²になっています。標準偏差は分散の正の平方根ですので，単位でいえばcmであり，元の変数と同じであるといえます。

*8　ですから偏差値は平均50，標準偏差10の数値です。

28 第 I 部 基礎

また，社会調査の文脈で留意しておくべきことは，**標準化することで，間隔尺度水準のデータ同士の原点が揃うことになり，量的なデータとして扱いやすくなる**ということです。こういったことからも，多変量解析法の文脈ではデータを標準化して考えることが多いといえるでしょう。

2.4 単位を整えた共変動：相関係数

さて，標準化したことにより，単位に振り回されることなく，様々なデータを眺めることができるようになりました。次に，標準化したデータの共分散を考えてみましょう。

表2.3のデータを標準化してみると，表2.6のようになります。

表2.6 標準化したデータの平均値は当然 0 である

	z 国語	z 算数	z 理科	z 社会	z 英語
Aさん	−0.1980	1.2810	0.8195	−0.0576	0.0000
Bさん	0.2970	−0.1601	−0.0911	0.3455	0.0000
Cさん	−1.4852	0.4804	1.0471	−0.7487	0.0000
Dさん	1.2872	−0.1601	−1.4568	1.4974	0.0000
Eさん	0.0990	−1.4412	−0.3187	−1.0366	0.0000
平均点	0.0	0.0	0.0	0.0	0.0
SD	1.00	1.00	1.00	1.00	

標準化されたデータの共分散のことを，相関係数といいます。相関係数は以下の式で算出されます。

$$
\begin{aligned}
r_{xy} &= \frac{x と y の共分散}{x の標準偏差 \times y の標準偏差} \\[6pt]
&= \frac{\dfrac{1}{N}\sum(x_i-\bar{x})(y_i-\bar{y})}{s_x \cdot s_y} \\[6pt]
&= \frac{1}{N}\sum\left(\frac{x_i-\bar{x}}{s_x} \cdot \frac{y_i-\bar{y}}{s_y}\right) \\[6pt]
&= \frac{1}{N}\sum z_{xi}z_{yi}
\end{aligned}
\qquad [2.14]
$$

式で見るとややこしく感じるかもしれませんが，要は共分散（共変動）の単位を整えたのです。共分散は単位に依存している数字なので，単位に応じて様々な

第 2 章　代表値の計算　29

表 2.7　相関係数表

	国語	算数	理科	社会	英語
国語	1.000	−0.341	−0.913	0.763	---
算数		1.000	0.565	0.191	---
理科			1.000	−0.678	---
社会				1.000	---
英語					1.000

大きさになりますが，相関係数 r_{xy} は必ず ＋1 から −1 の範囲に入ることになります。相関係数にすることで，測定された各変数がどのような単位であっても，変数間の共変関係を比較検討できるようになる，といえます。

　相関係数は表 2.7 のように，行列の形にして表すと便利です（相関行列といいます）。上のデータ例から得られる相関係数の表は表 2.7 のようになります。ここで，この表の左下半分は空欄になっていますが，これは $r_{xy} = r_{yx}$ なので，冗長な情報提供を避けるために書いていないだけで，実際には右上半分と同じ数字が存在します（算数と国語の相関係数は −0.341 です）。

2.5　相関係数とデータの散布図

　相関係数はその大きさによって，表 2.8 のように表現されることがあります。

　言葉による表現ではわかりにくいかもしれませんので，実際にどの程度の関係の強さであるのか，散布図で確認してみましょう。

　$|r_{xy}| = 1.0$ の完全な相関といえば，一直線上にデータが並ぶことです（図 2.5）。強い相関がある，という場合は，データが直線から少し逸脱しており，少々膨らんだ形になっています（図 2.6）。

　弱い相関ぐらいになると，その逸脱が激しくなり，直線関係はみえなくなっています（図 2.7）。漠然とした楕円ですね。

表 2.8　相関の強さ

$|r_{xy}| = 1.0$	完全に相関する
$0.7 < |r_{xy}| < 1.0$	強い相関がある
$0.4 < |r_{xy}| < 0.7$	中程度の相関がある
$0.2 < |r_{xy}| < 0.4$	弱い相関がある
$0.0 < |r_{xy}| < 0.2$	ほとんど相関がない
$r_{xy} = 0.0$	無相関である

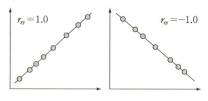

図2.5 完全に相関する

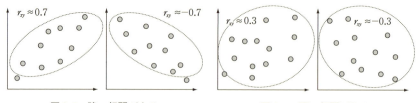

図2.6 強い相関がある　　　　　図2.7 弱い相関がある

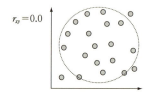

図2.8 無相関である

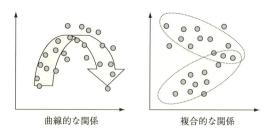

曲線的な関係　　　　複合的な関係

図2.9 非線形関係のデータ

　無相関になると，方向性がなくなるので，ほとんど円のように散布することになります（図2.8）。

　散布図を並べてみると，相関関係とは**直線関係を表す指標**であることがおわかりいただけるかと思います。逆にいえば，曲線的な関係だとか，複数の線形関係が含まれていて"一直線"といえないような関係があるデータに，相関関係を指標とするのは適していないのです。次の図2.9 はいずれも相関係数でいうと 0 に近い値になります。しかし，これらはいずれも 2 変数が無関係なのではなくて，

相関関係（直線関係）にないというだけです。

相関関係は，このあとの様々な多変量解析の基になる情報源ですが，直線関係にない関係であればいくら分析しても有意義な情報は得られません。ここでは，相関関係の数字だけではわからない関係がある，ということだけは覚えておいてください[*9]。

推測に用いる統計量：不偏推定量について

分散や共分散，相関係数など，以後の分析で用いる基本的な指標の解説を締めくくるに当たって，1つ留意点をお伝えしておきます。

統計関係のテキストを見れば，分散や共分散の計算のとき，「足した変数に含まれる測定値の数」すなわち N で割るのではなく，$N-1$ となぜか1少ない数字で割った式が書かれていることがあります。これはなんでしょうか？　平均のときはちゃんと N で割っているのに！

これはデータをどのようなものとしてみるか，によります。手元のデータがすべてのデータ，すなわち全数調査の場合は N でかまいません。例えばとある学級でテストをしたときの分散を出したいときは，分母は N のままで結構です。また例えば，あるお店の客単価全記録があれば，その店の客単価の分散を算出する分母は N でかまいません。

しかし，社会調査のデータの場合の多くは，全数調査ではなく標本調査です。日本国民全体，X県民全体，世界の小学 m 年生全員を調査する，ということは難しいため，一部分を無作為に抽出して標本とし，そこから全体のことを推測しようとしているのです（推測統計学）。たとえるなら，大きな鍋に作った味噌汁の

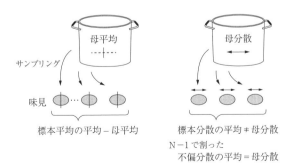

図 2.10　不偏推定量

---

*9　こういった非線形関係のデータを分析する多変量解析も存在します。非線形回帰分析や（尺度水準を落とした）数量化による分析などがそうです。

32 第 I 部 基礎

味見をするのに，全部飲み干すのではなくて，よく混ぜて小皿に取り出して確認するようなものです（表 2.10）。この推測に関わるとき，分散の分母は $N-1$ になります。

推測統計の基本は，標本平均の平均が母平均に一致する，という原理です。味見の際，特に味が薄そうな上澄みだけ味わって「薄いなこりゃ」，と思ってはいけません。まずよくかき混ぜて，特に狙いを定めずに（無作為に）小皿に取り，味を見るようにしますね。もちろんそのようにしても，やや濃いめのところがすくえたとか，やや薄めのものが手に入ったとかいった，誤差は生じることでしょう。しかし，味見を何度かくり返すと，こういう「ちょっとプラス」「ちょっとマイナス」は相殺し合って，平均的な味をきちんと見つけることができます。これが推測統計学の基本なのです。

さて，この小皿に取り出した標本の味（平均値）から，全体の味を推測することができるのは，「標本平均の平均が母平均に一致する」からです。少しのズレもなく，すなわち偏ることなく，全体をうまく推定できるのです。この平均値の性質は，不偏性とよばれます。ところが，分散を考えると，ちょっと取り出した小皿の味の分散の，平均を取っても母分散にならず，ちょっとズレてしまうのです。つまり，分散は不偏性がありません。この「ちょっとズレる」を補正するために $N-1$ で割る必要があります。すなわち，推定量としての分散は $\frac{1}{N-1}\sum_{i=1}^{N}(x_i-\bar{x})^2$ としたものを使う必要があるのです。標準偏差は分散の正の平方根ですから，これも推定量としては $N-1$ で割ったものが使われます。

表計算ソフトウェアや統計ソフトウェアなどは，分散を求める関数を呼び出すと，不偏分散を答えとして返してくるものがほとんどです。それは統計ツールを使うシーンのほとんどが，全数調査ではなく標本調査であり，標本分散でなく不偏分散を用いるシーンだからです。手元の計算機で検算しても答えが合わない場合は，不偏推定量を算出しているのかもしれない，と考えてください。本書では数式が煩雑になるのを避けるため，標本分散・標本標準偏差の形で式展開をしています。適宜読み替えてくだされば幸いです。

第**3**章

多変量解析を俯瞰する

　これまでのところで，変数関係を数値化できるようになりました。それではいよいよ，具体的な多変量解析モデルをみていくことにしましょう。

　多変量解析と一言で言っても，非常に多くの名前のついた分析法・モデルが含まれます。古くからあるモデル，最近使われるようになってきたモデル，まだまだ発展中のものまで様々です。すべてを詳細に語ることはできないので，本書では大きく回帰分析系と因子分析系に分けて論じていきます。しかしせっかくですのでその前に，様々な木々が鬱蒼と茂っている森を大空から眺めるように，全体像を把握してから冒険しようではありませんか。

3.1　すべての手がかりは「共変動」

　多変量解析法は，その名の通り，多くの変数からなるデータを一手に扱う方法です。一手に扱うわけですから，1つひとつのケース，1つひとつの変数を見るのではなく，全体的視野からデータの特徴をつかまなければなりません。そのために，データの特徴を表すのに有用な変数と，有用でない変数を峻別する必要があります。多変量解析法は，変数をふるいにかけて，ゴミをそぎ落とし，意味ある情報だけ残す手法なのです。

　ではデータを全体的に見るときに，特徴をつかみ取る鍵となる変数，価値ある変数というのはどういう変数でしょうか？

　それは端的に「共変動」というキーワードで解き明かされます。いい変数とは，他の変数と共に変動する（変化する）変数のことです。特徴をみるのに役立たない変数，価値のない変数とは，他の変数と共変しない変数です。

　まず，共変するとはどういうことかを考えてみましょう。ある変数 x と y とが

あって，この2つが共変するというのは，

・xの値が高いときyの値も高い
・xの値が低いときyの値も低い

という場合か，あるいは，

・xの値が高いときyの値が低い
・xの値が低いときyの値が高い

という場合です。前者の場合，一方が高いときは相手も同じように高く，その逆も成り立つわけですから，この2つの変数xとyは何らかの関係がある，という推測ができます。その関係が何であるかはわからなくとも，少なくとも考える手がかりになるのです。後者の場合も，方向がひっくり返っているものの，2つの間は無関係でなく，先ほどとは逆の関係にあることがわかります。共変関係は，説明や予測の源なのです。

　例えば，国語の成績がいい人は，英語の成績もよく，同時に国語の成績が悪い人は英語の成績も悪い，というデータがあったとしましょう。中には例外の人もいると思いますが，たくさんのデータを集めたら十中八九，この傾向が成立しているようだ，というシーンを考えてみてください。このとき人は，「国語の成績と英語の成績はなんか関係あるんじゃないだろうか？」と考え始めるのではないでしょうか。この関係から，「国語の先生も英語の先生も若いから，若い教師は教え方がうまいのかな」とか，「国語と英語の試験は午前中に実施していたよな。人間は午前中のほうが頭がよく回転するんじゃないかな」といった，意味のある「知」を考え出す，意味ある情報を引っ張り出すわけです。

　負の共変関係からも，何らかの推測は成り立ちます。例えば国語の成績がいい人は理科の成績が悪い，その逆もまたよくあるようだ，という傾向が見いだされたら，「国語の先生は若い教師だが，理科の先生は年輩の教師だ。やっぱりか！」とか，「国語は縦書きの教科書で，理科は横書きの教科書だ。ひょっとして，日本人は横書きの本が苦手なんじゃないか？」といった推測を立てることができます[1]。ともかく，考える手がかりになるのは，こういった共変関係が存在するか

---

[1]　賢明な読者のために。なぜこんな妙な推測を立てるんだ，もっとよい例はないのか，と思う人もいるかもしれませんが，ここではわざと納得しにくい，いわゆる屁理屈を例示しているのです。理屈と膏薬はどこにでもつく，という言葉通り，人間が導出する知はどんなものにもなりうることを示したかったのです。

らなのです。

　共変関係にあると，先ほどのような意味のある「知」を取り出すだけでなく，その先へ展開していくこともできます。言い換えると，説明だけでなく，説明に用いたモデルに基づいて予測もできるかもしれません。国語と英語の成績には強い関係があるようだ，という説明モデルが受け入れられれば，次のテストで国語のテストが先に返ってきて高得点だったとすると，「今度返ってくる英語のテストも点数が高いだろう」と予測することができるでしょう。共変関係は，説明と予測の源であり，この説明と予測こそ，多変量解析法がやっていることなのです。多変量解析の様々なモデルというのは，ここでいう説明原理のことだと考えていただいて間違いありません。

3.2　モデルを通じて世界をみる

　このように，ある変数が他の変数と関連するというヒントから，説明モデルを見つけだそうとするのが多変量解析です。この共変関係というヒントは，変数の数が増えれば指数関数的に増えていくものです。例えば変数が3つあるとすると，$3 \times 3 = 9$つの組み合わせがあることになります。これが4変数になると16に，10変数になると100の要素があることになります。共変動から何か意味のある情報を取り出すのが多変量解析ですから，要素が増えることは情報が増えること，問題解決のヒントが指数関数的に増えていくわけです[*2]。

　この使えるヒントを駆使して，説明モデルを作り出すのが多変量解析なのでした。モデルとは，模型，雛形，理想形という意味であり，データから考え出した説明の理屈を表現したものを指します。例えば国語と英語のテストをして，その2つに相関関係があれば，我々は「語学力があるから成績がいいんだね」というように理解したりします。これはすでにモデルを使った考え方です。この例では「語学力」という仮想の模型を想定し，国語と英語のデータに当てはめたのです。

　さてこのモデルを使うと，予測にも使えるというのはすでに述べた通りです。しかし，予測に使うには，モデルが妥当なものであることが重要です。すなわち屁理屈だったり，データに含まれていない情報を使っていたり，データを正しく表現していないものであっては困ります。「中間テストの国語と社会のテストの

[*2]　もちろん，共変関係が相関行列のように，対称な形，すなわち $r_{xy} = r_{yx}$ であったとすると，使える情報は $n(n-1)/2$ だけになりますが，それでも変数の数が増えるに従ってどんどん増えていくことに違いはありません。

点数に相関関係はみられなかったけど，生徒はみんな真面目にやっているし，学力は急に伸びることもあるから，期末テストはきっとみんな 100 点だ」という予測は，当たりそうにないではありませんか。これは「真面目さ」というデータになってない変数を入れたり，学力は急に伸びるという説明モデルに説得力がないから，全体的に屁理屈に思えるのです。

モデルは妥当な説明原理であり，理想の形であるべきです。そこで，あいまいな自然言語で表現するのではなく，数式で表現することが求められるのです。とはいえ，やっていることは我々が日常的に考えているようなことですから，理解することはけっして難しいものではありません。本書では言葉による説明と，数式による説明をなるべく分離して書いてありますので，わかりやすいほうを選んで読み進めてください。

3.3　2種類のモデル

多変量解析を俯瞰する話に戻りましょう。根本的には共変動があるのですが，ここからどういうモデルの組み立て方があるのでしょうか。

モデルの種類は大きく2つのやり方があります。1つは線形モデル，もう1つは非線形モデルとよばれます。多変量解析のほとんどは，線形モデルを扱っています。本書ではこの線形モデルの中身をさらに回帰分析系と因子分析系に分類します。非線形モデルの中には，階層ニューラルネットワークや自己組織化マップ，ベイジアンネットワークなどがあります。

線形モデルを数式で表現すると，$Y = a_1X_1 + a_2X_2 + \cdots + a_nX_n$ のように，変数を重み付けて（係数 a_i を掛けて）足し合わせたものになります。特に変数が一次結合（二乗，三乗，と累乗されることがない）で表現されているということが，線形であるということの意味です。一番単純な一次関数，$Y = aX + b$ を考えてみましょう。横軸を X，縦軸を Y としてこの式をグラフにすると，直線になるからです。変数が増えて，例えば $Y = a_1X_1 + a_2X_2$ になるとどうでしょうか。X の軸を2つ（X_1, X_2）用意しなければならないので三次元になり，線も面に変わりますが，描かれるのは平面，すなわちまっすぐな面ですね（図 3.1）。

このように，変数が増えても「まっすぐ」であることが線形モデルという意味です。

線形モデルの利点はわかりやすいこと，に尽きます。人参を2本買ってじゃがいもを3個買ったらいくらか，という計算は小学生でもできることですし，社会

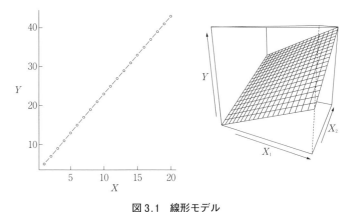

図 3.1 線形モデル
左は $Y = 2X + 3$，右は $Y = 2X_1 + 3X_2 + 5$

科学の世界でも「2つの要因，AとBが結果に影響している」と考えることはそれほど難しいことではありません。そのうえで，要因Aのほうが要因Bよりも重要，という議論をすることがありますが，上の式ではこれを a_1，a_2 で表現しています。

これが非線形になるとどうでしょうか。例えば二乗，三乗など累乗された項を含む式で表現されると，グラフは曲線になりますから，非線形です。さて，「要因Aの二乗と要因Bの三乗が結果に影響している」と言われても，どちらがどのように影響しているかのイメージはもちにくいのではないでしょうか。数字が正負の両方を含むものであったりすると，なおさら混乱することでしょう。

このように，非線形な関係で説明されるとわかりにくくて困ります。しかし非線形の利点もあるのです。それは，線を自由に曲げることができるので，データに合わせやすいということです（図 3.2）。多変量データの中には複雑に要因が絡み合っていることも少なくないので，データに適合させやすいという長所が有用なことも少なくないのです。

線形モデルはわかりやすいのですが，モデルで説明できないところがどうしても出てきてしまいます。これについては，「このいくつかの事例は例外的だよ」とか「誤差が入ったんだよ」といってあきらめるしかありません。非線形モデルはデータにぴったりと合わせることができますが，どうしてもわかりにくいことができてしまいます。「理由は説明できないけれども，結果があっていればいいじゃないか」というシーンであればいいでしょう。例えば説明ができなくても，次にどの株を買えば儲かるのか予測できるのであれば，教えてもらいたい人はた

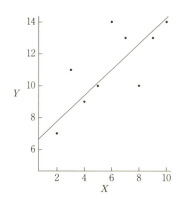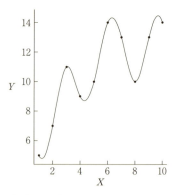

図 3.2　線形モデルと非線形モデル

くさんいることでしょう（もちろん私もその1人です）。

　誤解を恐れずにいえば，線形モデルはモデルにデータを合わせていく，非線形モデルはデータにモデルを合わせていく，という分析方針だといえるかもしれません。どちらも一長一短です。社会学や心理学などの学術的立場からはモデルの合理的な説明のできる線形モデルが好まれ，マーケティングやAIなどの実践的領域からは適合度の高い非線形モデルが好まれる，という傾向があるようです。

　本書で扱う多変量解析は，ほとんど線形モデルの枠組みでとらえることができるものです。線形モデルの中だけでも，実に様々なモデルが考案されています。それでは様々な線形モデルをみていくことにしましょう。

3.4　線形モデルの系列：回帰分析と因子分析

　線形モデルを大別すると，因果モデル系と相関モデル系に分けることができます。本書では代表的な分析名を用いて，特に「回帰分析系」と「因子分析系」と名づけています。回帰分析は説明と予測の関係を，因子分析は相互の相関関係をそれぞれもとにして構成されたモデルです。

　回帰分析は予測に用いることができるモデルです。未来予測がデータでできるって，すごい！と思う人がいるかもしれませんが，現実的には1回の調査（一時点）で得られる多変量データを分析することが多く，そのような場合は，因果関係がはっきりわかるとまではいえません。誤解を与えないようにていねいに表現するなら，一方を説明する原因側，他方を説明される結果側とみたときに，どういう関係が成立するかを表現しているのが回帰分析です。一方を原因（変数），

他方を結果（変数）とみる，というのは，言い換えれば「結果」という基準を置いたときに，「原因」とされるもの（変数）をどうすれば近づけることができるか，と考えることでもあります。つまり，回帰分析系モデルは外的基準とデータとのマッチングを目指す分析なのです。具体的には，喫煙が肺ガンに及ぼす影響はどれぐらいあるのか，といった仮説を検証するときなどに用いられます。

　他方，外的基準がない場合というのもありえます。たくさんのデータを取ってきたけど，何と何がどう関係しているんだろう，何が原因で何が結果なんだろう，という説明原理を探している状況です。こういうときは，共変動の関係をたくさん集めて，それの共通するものを探すことで答えに近づくことができます。例えば国語と英語と社会は正の共変関係にあるな，国語と算数，国語と理科は負の共変関係だな，国語と音楽は無関係だな……というところから，「国語・英語・社会に共通する能力として，記憶力というのが考えられるのではないか？」といった推論を行うわけです。これは回帰分析と違って，外的な基準は設けていませんね。あくまでもデータ内部のしくみを系統立てて理解することから，内部構造を明らかにする方法と説明されることもあります。これの代表格が因子分析です。

　因子分析はそもそも，心理学の知能検査データを分析するときに発展してきたモデルです。研究の初期段階は，人間の知能というのは何種類ぐらいあって，どういうテストで何を計ったらいいのか，ということについてまったくの手探り状態でした。得られたデータの相関関係から「知能って，数種類にまとめられるんじゃない？」と解釈するにとどまっていたのです。我々が日常生活で，友人の性格を「あなたって○○よね」と言ったりするのも，こういった（性格特性という）内部の説明要因を作り上げたのです。事前に性格というのが何種類ぐらいあるか，ということは誰にもわかっていませんでした。しかし，段々と共通する行動の背景的素因に命名して（例えば「几帳面さ」など），理解されてきたのです[*3]。

　さて，この二大系統がわかれば，あとは前章の尺度水準に注意するだけで，何種類もある多変量解析法の姿がみえてきます。

　回帰分析系において，原因変数が間隔尺度水準で得られたデータであり，結果変数も間隔尺度水準で得られたデータであれば[*4]，それこそが基本中の基本，**回帰分析**そのものです。ここから発展して，結果変数が名義尺度水準であったとすると，それは**判別分析**とよばれます。さらに原因変数も間隔尺度ではなくなって，

＊3　ちなみに性格心理学では，性格は五次元（5種類）あるといわれています。もちろん，因子分析を応用して明らかになったことです。

＊4　もちろん比率尺度水準のデータでもかまいません。ここでは最低水準を示して話をすすめていきます。

名義尺度水準であったりすると，分析名は**数量化Ⅱ類**になります。

同様に，因子分析系で，元のデータが間隔尺度水準の相関関係なのが，基本中の基本である**因子分析**そのものですが，データが名義尺度水準の相関関係，例えばクロス集計表がもとになっていたりすると，**数量化Ⅲ類**とよばれます。

なんだ，名称の問題か，よび方が変わるだけなのか，といわれると実はそうではないのですが[*5]，直観的理解のためにはこのような語弊のある表現もよいでしょう。様々な分析名に怯むのではなく，外的基準があるのかないのか，データの水準はどこにあるのかで，分類できるのです。

様々な分析法と系列の関係を1枚の図にしたものを，図3.3に表しました。もちろん，ここに含まれない分析法もありますから，完全なものではないかもしれませんが，全体像はみえるのではないでしょうか。

本書では，できるだけ多くの分析方法を紹介していきたいと思っていますが，基本的には回帰分析と因子分析の2点に重点を置いて話を進めていきます。すでに述べてきたように，（間隔尺度水準を用いている）この2つをおさえておけば，後はその応用になるからです。

3.5　統計ソフトウェアの案内

実際の統計分析，つまり多変量解析だけでなく，記述統計やグラフの描画（データの可視化），計算のための計算（身長と体重のデータからBMI値を算出する，など），レポートのための図表の作成などをするときには，専用のソフトが必要です。

パソコンに最初から入っているワープロソフトや表計算ソフトではできないの？と思われるかもしれませんが，データがたくさんになると行列，すなわち数字のセットを，ごっそり計算する方法が必要なのです。表計算ソフトは1列・1行・1セルの計算はできてもN行M列のデータセットをごっそり計算！というのはできません。どうしても専用のソフトウェアが必要になってきます。

統計ソフトウェアも様々なものがありますが，ここでは大きく商用ソフトウェアとフリーソフトウェアに分けて，いくつかご紹介したいと思います。

[*5]　水準が変わると，できる演算が違ってしまうので，計算プロセス（アルゴリズム）が変わってきます。すなわち，別の分析方法ではあるのです。

第3章 多変量解析を俯瞰する　41

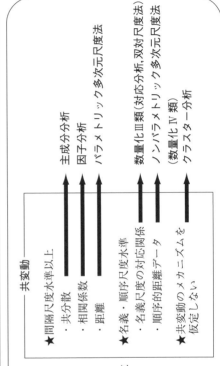

図 3.3　多変量解析俯瞰図

3.5.1 商用ソフトウェア

商用ソフトウェアは,「売っている」ソフトウェアです。統計のソフトウェアは,一般の家電屋さんには並んでいないかもしれませんが,大学の生協や専門の販売店,ウェブサイトなどを通じて個人的に購入できるものがあります。購入の形態も様々で,年間ライセンス,個別ライセンスを購入するものから,企業や大学などで一括契約をしていてそこに属する人は自由に使えるものもあります。個人で個別のライセンスを購入すると,どのソフトウェアでも,10万円ほどのコストがかかります。また,より進んだ分析をするためには,プラスアルファのオプションパッケージを購入する必要があるものもあります。

■ SPSS　SPSS は IBM の統計パッケージで,Statistical Package for Social Science（社会科学のための統計パッケージ）の頭文字を取っています。統計業界では非常に長い歴史をもつ,信頼されたソフトウェアです。他の統計ソフトウェアに先駆けて,GUI[*6] による操作環境を導入したこともあり,初学者にとっては「信頼できる」かつ「使いやすい」ソフトウェアとして有名で,入門用のテキストも非常に多く出版されています。

基本的な分析は一通り対応していますが,発展的な分析には追加パッケージを導入する必要があります。特に構造方程式モデリングについては,Amos という別ソフトを導入する必要があります。この Amos を単体で購入,実行することもできます。構造方程式モデリングをするうえで,GUI の操作体系を支えるのは非常にありがたいことです[*7]。

■ SAS　英国特殊空挺部隊,ではなく,アメリカ SAS Institute 社の提供する統計解析ソフト SAS システムのことです。これも SPSS に並んで長い歴史をもっており,ユーザー数も非常に多いソフトウェアです。企業や大学などと包括的なライセンス契約をし,そこに属するユーザーが利用できるスタイルが多いのですが,教育業界に限っていえば,SAS University Edition を個人利用することができます。このバージョンは,高等教育機関などで非営利目的であれば利用でき,その強力な分析技術を無償で利用できるのは大変ありがたいことです（2018 年

---

* 6　グラフィカル・ユーザー・インターフェイスの略で,アイコンやボタン,マウス操作によってポチポチと計算を進めていく操作体系のことです。
* 7　GUI は見てわかるので使いやすい,ということもありますが,逆にいうと他の人に言葉で説明するのが難しいのが難点です。これは「結果の再現性」という意味では欠点になります。

現在）。

SASの内部には構造方程式モデルや階層線形モデルなど，高度な統計モデルも包括的に含まれていますので，このソフトウェアの使い方に慣れれば何でもできる，というのは強みの1つでしょう。ちなみに操作体系はCUI[*8]です。

■ **Mplus** Muthén & Muthén のソフトウェアです。構造方程式モデリングに特化したソフトウェアですが，本書でもこのあと紹介するように，多変量解析のほとんどは構造方程式モデルの下位モデルとして表現できます。Mplusは構造方程式モデルをきわめたソフトウェアで，およそ「こういうことがしたい」という分析のイメージはすべて実行でき，かつその計算速度や収束度などは他のソフトと比べても群を抜いています。線形モデルを実行するにはこのソフトウェアだけあればすべて完結する，究極の逸品といえるでしょう。

ただし，日本国内に分社がないため，ウェブサイトを通じて直接購入する必要があります。日本語で解説しているテキストとして，小杉・清水（2014）などがありますから，参考にしてください。小杉・清水（2014）では付録に，購入の方法についての解説をつけてあります。購入は年間ライセンスで，ライセンスが有効な間は常に最新のバージョンを利用することができます。操作体系はCUIが基本ですが，GUIでモデルを描画する機能もついています。

3.5.2　フリーソフトウェア

商用ソフトウェアと違って，フリーソフトウェアは無償で利用できるソフトウェアです。無償である，というのは，無料であると同時に，保証がないことも意味しています。初学者にとっては，「保証がない」と言われると不安を覚えるかもしれません。商用ソフトウェアであれば，ユーザーは不安に対する代償，つまり「お金を払ったんだから結果に責任もってよね」という権利を購入した，ともいえるわけです。しかしこれは，学術的観点からは役に立たない主張で，学術領域に限らず「正しいことが知りたい」という願いに対して「間違っていたら賠償金を払います」と言われても，ちっとも問題の解決にはなっていないですね。

それよりも，どうしてそういう計算結果になったのか，どこが間違えていたのかを明らかにするほうが重要であるといえるでしょう。商用ソフトウェアの場合

---

*8　コマンド・ユーザー・インターフェイスの略で，命令文（コマンド）によって操作する操作体系を指します。コマンドは文字列なのでそれを記録したもの（スクリプト，プログラムという）を保存しておくことができます。GUIと違って，操作の記録が残ることは再現性の観点からも重要です。

44　第Ⅰ部　基礎

は，「どうしてそういう計算結果になったのか，その方法を教えて欲しい」と言っても「企業秘密なので答えられない」と言われるかもしれません。これは仕方のないことではありますが，本質的には困った問題です。

　フリーソフトウェアは，オープンソース，つまり計算方法やソフトウェアの挙動を記したプログラムが公開されています。高度に専門的で膨大なファイルサイズかもしれませんが，公開されているので，時間と努力をかければ必ずそのしくみが理解できます。また，プログラムを改良するもっとよい方法があれば，見つけた人が「こうすればよくなるよ」といって助け合うことができます。このように，知的な財産をオープンにして共有し，皆で育てていくコミュニティが存在しており，その成果物としての統計ソフトウェアもあるのです[*9]。その中から代表的なものをご紹介します。

■RとRStudio　Rは統計領域におけるフリーソフトウェアの代表格で，世界的にも非常に多くのユーザーをもつ統計ソフトウェアに育ちました。昨今の科学論文に用いられる統計ソフトウェアとしては，SPSSやSASを抜いて1位になったともいわれているほどですし，日本の中でも各地でユーザーの集いがいろいろ開催されています。最近での統計関係のテキストの多くはRを用いていますし，本書もこの改訂増補版を機に，統計での結果をすべてRのものに切り替えました（執筆にもRStudioを使っています）。商用ソフトも内部にRを取り込んだものも少なくありません。

　RとRStudioの詳細と具体的な導入方法については，付録Aを参照してください。

■HAD　HADは関西学院大学社会学部の清水裕士氏が開発・メンテナンスを行っている，統計のフリーソフトウェアです。清水氏ご自身のWebサイト（http://norimune.net/had）からダウンロードできるようになっています。このソフトウェアの最大の利点は，Microsoft Excelで動くということでしょう。

　統計ソフトウェアを新しく導入し，使い慣れていくのは大変かもしれませんが，Excelならすでに多くのPCにプリインストールされているため，初学者にとって心理的障壁が低いといえるでしょう。また操作はGUIで行えますし，結果もExcelのシートに出てくるので，そのままMicrosoft Wordなどに結果を貼り付

[*9]　オープンソースソフトウェアの理念や経緯については，Stallman（長尾訳，2003）を参照。

けることも可能です。Excel のマクロを使って作られているのですが，できる統計手法は基本的な記述統計，帰無仮説検定，多変量解析だけでなく，構造方程式モデリングまで対応しており，これが一個人の開発したフリーソフトウェアか，と驚かれること請け合いです。

　すでに授業などで利用する「推奨ソフトウェア」となっている大学もあり，最近は HAD の解説書も出版されました（小宮・布井，2018）。分析の精度についてはていねいに検算されていますし，問題があれば作者に問い合わせることですぐに対応してくれるので安心です。ただし，筆者自身が「このソフトウェアは大学の学部生が，統計を楽しむ前に感じる抵抗感の高さを軽減させるためのもので，大学院生以上になれば R を使うことをお勧めする」といっていますので，まずは HAD で統計の感覚をつかんだら R に進む，という使い方がよいのかもしれません。

引用文献

小宮あすか・布井雅人 (2018)．Excel で今すぐはじめる心理統計—簡単ツール HAD で基本を身につける　講談社

小杉考司・清水裕士（編）(2014)．M-plus と R による構造方程式モデリング入門　北大路書房

Stallman, R. M.（著）／長尾高弘（訳）(2003)．フリーソフトウェアと自由な社会　アスキー出版

第 II 部

言葉で理解する
──目的と実際──

第4章 回帰分析を理解する

　回帰分析は，外的な基準がある場合の分析法でした。回帰分析系のモデルは，基準となる変数がすでにあるので，その他変数をいかにその目的とする変数に近づけることができるか，という話になります。

　例えば，人間の学力を完全に測定することができる，あるテストAがあったとしましょう。そういう基準があれば，自分で別のテストBを作る場合，Aとの相関が1.0に近づくようにテストの問題や配点を考えればよいことになります。これは基準もなく「テストで何が測れるか」を悩むよりは，楽な問題ではないでしょうか。

　調査データの例を考えてみましょう。例えば人間の幸福度は年収で決まる，という仮説を立てたのであれば，「年収」を基準として「幸福度」を測る項目にどのような点数配分をすれば両者の相関係数が高くなるか，ということを考えることになります。これが回帰分析のねらいなのです。

4.1 回帰分析の基本モデルと推定法

4.1.1 回帰分析で知りたいこと

　回帰分析で明らかにしたいことを，もう少し数学的に表現するなら，ある変数 X に数字をかけたり足したりして，外的な基準となる変数 Y と一致するようにする，ということになります。外的基準 Y は，被説明変数，あるいは被予測変数，基準変数，従属変数と呼ばれ，外的基準に近づけたい変数は説明変数，独立変数とも呼ばれます。説明変数が1つの場合を単回帰分析，2つ以上の場合を重回帰分析と呼びます。まずはより簡単な，単回帰分析から解説していきましょう。

　X と Y との対応関係がわかっていたとすれば，一方が決まれば他方も決まる，

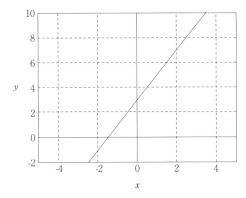

図 4.1　$y = 2x + 3$ のグラフ

という関係になります。X にある値を代入すれば Y の値が求まるし，その逆もまた成立することになります。このことを数学的には関数関係にある，といいます。

関数は，より一般には $y = f(x)$ と表現されますが，最も簡単な関数の 1 つは次のような形でしょう。

$$Y = aX + b \qquad [4.1]$$

これは一次関数と呼ばれ，グラフにすると図 4.1 のような直線関係になります。

ところで，相関係数は二変数間がどれほど直線的に並ぶかを表現している指標なのでした。もし相関が 1.0 であれば，その変数どうしは $Y = aX + b$ の形で書き直すことができることになります。相関が 1.0 より小さければ（一般的にはそうなのですが），a と b の値を調節して，だいたいのデータはこの関数で表現できますよ，と少しあいまいな表現をすることになりそうです。回帰分析はこのようにして，データに関数を当てはめる作業でもあるわけです。

4.1.2　わかっている対応関係とわからない係数

回帰分析は，データに関数を当てはめることが目的でした。関数の形はどんなものでもいいので，無数に考えることができますが，とりあえずは $Y = aX + b$ という解釈しやすい線形関数から考えることにしましょう。

ここで，X と Y はデータです。しかし係数 a と定数 b の値はどうやって決めたらいいのでしょうか？　この 2 つについてはまったくの未知です。形を守るだけでよければ，どんな数字でも入れることができます。しかしもう 1 つ，データに当てはめるという目的があるのでした。そのために使える情報は，多変量解析の根底にある共変関係です。

変数 X と変数 Y の共変関係の中身を見てみます。あるAさん（id = 1 としましょう）について，国語（X）の点数60点（$X_1 = 60$）と，数学（Y）の点数40点（$Y_1 = 40$）がわかったとします。同様にBさん，Cさん……と多くのデータを集めると，X_i と Y_i の対応関係をうかがい知ることができます。このそれぞれの対応関係から，X と Y の全体的な（関数）関係を探るのです。1つずつではわからないことでも，多くの変数と個体の測定値を集めたら何とかなる，というのが多変量解析の醍醐味です。

さて，データに関数を当てはめるときには，何か基準を決めないと"何でもあり"になって収拾がつきません。基本的には，「データによりよく当てはまった関数にすべき」とすることが目的になります。図4.2を見てください。1つひとつの丸印が測定値で，この散布図に直線を当てはめたいとします。データを見ると右肩上がりの傾向があるので，正の相関はありそうですね。ここに直線を引く引き方は，もちろんいろいろ考えられるのですが，例えば関数1や関数3のような直線を引くのは，直感的にいってもデータに当てはまっていない，といえるでしょう。やはり，関数2のように，データの散らばるエリアの中心を通るような，右肩上がりの関数を当てはめたほうがよい，となるはずです。

ところが，関数を特定するためには，（相関係数を見て）右肩上がりで，と向きだけ決めても不十分です。まだまだ可能性は無数にあるからです。図4.3には右肩上がりの様々な関数を描いて見ました。どれが一番「データに当てはまっている」といえそうでしょうか？

ここはひとつ，「データの分布によく当てはまっている」とは何か，を定義することを考えなければなりません。それができると，当てはまりの程度を基準に，一番（当てはまりが）よい関数を選べるはずです。

ここでは2つの基準について説明します。1つは「手に入れたデータに当ては

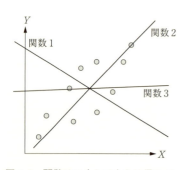

図4.2 関数はいくらでもあり得るが…

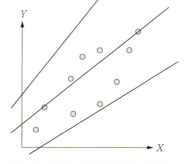

図4.3 右肩上がりでも特定できない

第 4 章 回帰分析を理解する　　51

まること」を考える**最小二乗基準**であり，もう 1 つは，データに含まれる誤差を
取り除き，母集団における理想的な形を求めることによる，**最尤基準**です。

4.1.3　最小二乗基準による推定

　多変量データがあっても，それらが一直線上に並ぶことはまずありません。一
直線の散布図は相関係数が 1.0 ということですが，社会調査の実践場面で原因と
結果が寸分の狂いもなく関数関係で説明できる，ということはありえないでしょ
う。人間の考えることや行動，反応ですから，どうしても状況や環境，その人の
性格などに起因して，得られたデータは理屈の通りにはいかないものです。

　言い換えれば，データの予測にはどうしても誤差は出てしまう，ということで
す。これをより厳密に表現することを考えてみます。

　データを X_i，Y_i で表すと，X_i を伸ばしたり縮めたり，上げたり下げたりして
全体的に基準変数 Y に近づけたいのです。上げ下げや伸縮は，係数 a，b を使い
ますから，次のように表現できます[*1]。

$$Y_i \approx \widehat{Y}_i = aX_i + b \qquad\qquad [4.2]$$

　ここで，X_i を変換して作った予測値を $\widehat{Y}_i$ としています[*2]。これが実際の Y_i に
近づいて欲しいのです。近づけたいのですが，Y_i そのものではないので，$\widehat{Y}_i$ と表
現し，$=$ でなく $\approx$ でつないでいます。すると，予測値と実際のズレが誤差という
ことになります。誤差を e_i とすると，

$$e_i = Y_i - \widehat{Y}_i \qquad\qquad [4.3]$$

と表すことができます。

　関数がデータの分布によく当てはまっている，というのは，この誤差 e が総じ
て小さいこと，といい直すことができます。図で確認しておきましょう（図 4.4）。

　誤差は 1 つひとつのデータについて算出できるものですから，添字をつけて e_i
と表記されます。誤差が "総じて" 小さいこと，と書きましたが，それはデータ
の数だけある誤差 e_i を，全体的に評価しなければならないからです。関数が当て
はまっているかどうかは，誤差をデータの数だけ集めて評価するのです。

　どのように集めましょうか？　最も簡単な考え方は，すべて足し合わせて，小

[*1] 　表現の仕方はいろいろあって，$Y_i = a + bX_i$ と書くテキストもあれば，後々の一般化を見据えて $\widehat{Y} = \beta_0$ $+ \beta_1 X_1$ などと書くテキストもあります。大事なのは「データに係数をかけて，下駄を履かせたのが予測値になる」ということなので，記号は a，b，c ……でも β_0，β_1，β_2 ……でもなんでもよいのです。本書は中学数学に準拠した表現方法の方がなじみやすいだろうと思いましたので，あえて $Y = aX + b$ の形で表現していますが，厳密な統計学領域では，未知母数をギリシア文字（α，β……）で，既知のデータをアルファベット（x，y，z など）で表す習わしになっています。

[*2] 　$\widehat{Y}$ はワイハット，と読みます。

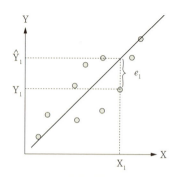

図4.4 誤差は関数との差分

さければよい，ということになりますね。これで関数を特定する基準が明らかになりました。つまり，誤差の総和であるΣe_iが小さければ小さいほど，よく当てはまっている関数ということになります。

ただし，誤差e_iはプラス方向にもマイナス方向にも生じる（図4.5）ものですから，e_i^2と二乗することで符号の効果を消しておきましょう。

関数を特定するための基準の1つ，最小二乗基準は，次のようにして誤差の総量Qを定義します。

$$Q = \sum_{i=1}^{N} e_i^2 = \sum_{i=1}^{N}(Y_i - \widehat{Y_i})^2 \qquad [4.4]$$

このQを最小にするような関数（$aX_i + b$）は，データに最もうまく当てはまるに違いありません。二乗して最小化するので，最小二乗基準といいます。あるいは，最小二乗基準を用いて関数を特定することを，最小二乗法による推定，といいます。

最小二乗法による回帰係数の算出に当たっては，「最小」を見つけ出すための技法である微分法を用いなければなりませんので，説明は第Ⅱ部に譲ります。と

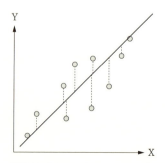

図4.5 誤差はプラスにもマイナスにもなりうる

もかくこの基準を当てはめると，未知の値だった a と b が見つかるのです。結果的に切片 b は，二変数の平均 $(\overline{X}, \overline{Y})$ や分散 (s_X^2)，標準偏差 (s_X, s_Y)，共分散 (s_{XY}) を用いて，

$$b = \overline{Y} - a\overline{X} \qquad [4.5]$$

として，また傾き a は

$$a = \frac{s_{XY}}{s_X^2} = r_{XY}\frac{s_Y}{s_X} \qquad [4.6]$$

として算出できることがわかっています。

4.1.4 最尤基準による推定

上で述べたように，最小二乗法はデータにぴったり寄り添った形で，回帰係数を算出するものです。手元のデータが全データの場合，つまり母集団からの無作為抽出ではなく母集団そのもののデータである場合，最小二乗基準で算出された数字が「誤差を最も少なくする」ベストマッチな式であることは間違いありません。

しかし社会調査は多くの場合，母集団からサンプリングされた標本データを扱い，そこから全体（母集団）を推測したいのでした。手元のデータにベストマッチではなく，できれば母集団のほうにベストマッチして欲しいのです。

そうした統計的観点を考えると，確率分布を考えなければなりません。母集団で $Y = aX + b$ の理想的な形があったとしても，そこからデータを得るときに確率的なふるまいが加わる，と考えられるからです。ここでいう確率的なふるまいとは，モデルで説明できない部分のふるまいですから，誤差分布と呼びましょう。

モデルの理想的な形に何らかの確率的な誤差が加わって実現値となる，というモデルを考えたとき，「このモデルから出てきたデータがこれだとしたら，逆にモデルのパラメータはこうなってるんじゃないか？」という推論をすることができます。この考え方に基づくモデル当てはめの基準が，最尤法と呼ばれるものです。

最尤[*3]推定とは，尤度を最大にする，という方法です。尤度とは確率分布とデータの対応を表した指標のことですから，最尤法とは「このデータが出てくる確率が一番高くなるように，確率分布のパラメータを推定する方法」という意味になります。

最尤推定の結果として得られる推定値がどのような値になるかは，最小二乗法

---

*3　さいゆう，と読みます。英語では Maximum Likelihood ですから，ML と略されます。

54 第Ⅱ部 言葉で理解する

の結果のような表現はできません。少し数理的な説明が必要になりますので，詳しくは6.2節をご覧ください。

ここでは，「回帰分析を確率モデルとして表現し，母集団のパラメータとして推定する方法が最尤法である」という意味的な理解をしておいていただければ十分です。また，この後の実践例で示しますが，どちらの基準を使っても推定値は同じような値になりますので，実用上は特に違いを意識する必要はないかもしれません。

4.2 回帰分析の実際

4.2.1 回帰分析をしてみよう

前章で示したように，最小二乗法の基準によると，ともかく回帰係数 a と b は，それぞれ次のように求まるのでした。

$$a = r_{XY}\frac{s_Y}{s_X}$$
$$b = \overline{Y} - a\overline{X}$$

これを具体例で考えてみましょう。次の表4.1は，15人の大学生について，入学試験の成績（700点満点）と入学後の成績（4点満点）のデータです[*4]。

X と Y の相関係数は $r = 0.868$ であり，高い相関関係にあることがわかります。計算式に則って，回帰係数を算出すると，

$$a = 0.868 \times \frac{0.619}{66.753} = 0.008$$
$$b = 2.834 - 0.008 \times 554.333 = -1.600$$

となるので，関数の形は

$$Y_i \approx \widehat{Y_i} = 0.008 \times X_i - 1.600$$

となることがわかります。回帰分析による関数を回帰方程式とか回帰関数と呼びますが，データとこの関数を図で表してみましょう（図4.6）。

こうしてみると，なるほど，回帰関数がデータのちょうど真ん中あたりを通過し，全体的に当てはまりよく収まっていることがわかるのではないでしょうか。

4.2.2 統計環境 R による回帰分析

先ほどは記述統計量を計算し，これを用いて回帰式を算出しましたが，実際に

[*4] 実際のデータではなく，解説用のダミーデータです。

表 4.1 入学試験の点数と入学後の学業成績

学生	学業成績 (Y)	入学試験の点数 (X)
A	2.13	460
B	2.42	500
C	2.26	473
D	3.87	620
E	3.90	690
F	2.43	512
G	3.44	582
H	2.15	550
I	2.18	485
J	3.00	650
K	3.42	593
L	2.55	528
M	3.19	585
N	3.05	569
O	2.52	518
平均	2.834	554.333
（不偏）分散	0.383	4455.952
（不偏）標準偏差	0.619	66.753

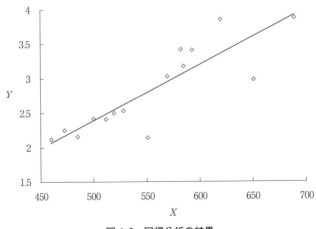

図 4.6　回帰分析の結果

データを多変量解析する場合には，統計専用のソフトウェアを使うことが一般的です．どういう統計ソフトがよいかについては p. 40, 3.5 節を参照していただくとして，ここでは統計環境 R を使って実際にやってみましょう．

　次のコードは，R でこのデータを入力し，最小二乗法による解を求める方法です．

56 第Ⅱ部 言葉で理解する

```
# データを入力
dat <- matrix(c(2.13 , 460 ,
                2.42 , 500 ,
                2.26 , 473 ,
                3.87 , 620 ,
                3.90 , 690 ,
                2.43 , 512 ,
                3.44 , 582 ,
                2.15 , 550 ,
                2.18 , 485 ,
                3.00 , 650 ,
                3.42 , 593 ,
                2.55 , 528 ,
                3.19 , 585 ,
                3.05 , 569 ,
                2.52 , 518 ),
            ncol = 2, byrow = T)
# データフレーム型に変換します
dat.df <- transform(dat)
# 最小二乗法による解を求めます
lsfit(dat.df$X2,dat.df$X1)$coefficients
```

これを実行すると，次のような答えが得られます。

```
> lsfit (dat.df$X2,dat.df$X1) $coefficients
     Intercept               X
 -1.626110019    0.008045899
```

Intercept（切片）が -1.626110019, X についての傾きが 0.008045899 でした。先ほどの手計算による結果とほぼ同じで，少数の桁が 9 桁目まで厳密に計算されています[5]。

では最尤法による結果はどうなるでしょうか。R のコードとともに，結果を確認してみましょう。

最尤法を用いる R コードは次の通りです。

```
# 最尤法による解を求めるコード
lm(X1~X2,data = dat.df)
```

---

[5] 手計算の結果と厳密な意味では一致していませんが，それは計算に利用した平均，分散の値が小数点下 3 桁までに丸めたものを用いたからです。

第4章 回帰分析を理解する 57

　ここのコードを少し解説しておきましょう。まず lm というのは linear model，線形モデルという意味です。回帰分析は線形モデル，直線を当てはめるモデルということです。lm 関数に限らず，R ではチルダ（˜）の前を基準変数，うしろを説明変数で挟みます。ここでは X1 を X2 で説明せよ，という書き方をしたことになります。そのあと，X1, X2 というのはデータセット 'dat.df' の中にある変数ですよ，ということを教えています。この関数や書き方はこの後でも出てくるので，よく確認しておいてください。

　さて，得られる結果は次のようになります。

```
> lm(X1~X2,data = dat.df)

Call:
lm(formula = X1 ~ X2, data = dat.df)

Coefficients:
(Intercept)                X2
 -1.626110           0.008046
```

　先ほどよりもいろいろなものがついて出てきましたが，Coefficients，すなわち係数のところをみると，ここにも切片 −1.626110 と係数 0.008046 が示されています。表示桁数の違いはありますが，最小二乗法とほぼ同じ結果になっています。

　このように，最小二乗基準であれ，最尤基準であれ，基本的には同じような結果が得られます。同じデータですから，当然といえば当然ですね。実際に使うときはどちらの基準でもそれほど変わりません。実践的には，推測統計学的な応用のしやすい，最尤法がよく用いられます。

　ところで，回帰分析で注目すべきは切片と傾きの係数ですが，その他にも予測値や，予測値と実際のデータがどれぐらいずれていたのか（誤差はどれぐらいだったのか）というのも気になりますね。これらの情報は，結果をすべてオブジェクト[*6] に格納してから呼び出すことで，見ることができます。

---

*6 コンピュータ言語の用語で，訳しにくいのですが，ようするに結果全体を「入れ物」に入れておく，入れ物のことです。名前を適当につけて（今回は 'result.lm' としましたが，'kekka' とか 'Kaiki' など，任意の文字列で構いません），そこに矢印 '<-'（小なりハイフンで書きます）で入れておく，ということです。その後で，箱の中身は '$' マークで個別に呼び出します。

58　第Ⅱ部　言葉で理解する

```
# 結果全体を保存する
result.lm <- lm(X1~X2,data = dat.df)
# 予測値も格納されている
result.lm$fitted.values
```

このように実行すると，

```
> # 予測値も格納されている
> result.lm$fitted.values
        1        2        3        4        5        6        7
2.075004 2.396839 2.179600 3.362347 3.925560 2.493390 3.056603
        8        9       10       11       12       13       14
2.799134 2.276151 3.603724 3.145108 2.622125 3.080741 2.952007
       15
2.541666
```

　それぞれのデータから算出される数値，すなわち予測値 $\widehat{Y}$ が示されます。例えば実際の Y_1 は 2.13 ですが，予測値 $\widehat{Y_i}$ は 2.075004，となっています。この数字は，先ほどの回帰式 $\widehat{Y} = 0.008046X - 1.626110$ に，$X_1 = 460$ を代入して得られた値です。

　予測値と実際のデータとのズレ，これを誤差と考えるわけですが，回帰分析では残った差ということで残差 residuals と呼びます。残差も分析結果全体の中には格納されているので，呼び出すことができます。

```
# 残差も格納されている
result.lm$residuals
```

このようにして呼び出すと，各残差が示されます。

```
> # 誤差も格納されている
> result.lm$residuals
            1           2           3           4           5
  0.05499647  0.02316051  0.08039979  0.50765263 -0.02556030
            6           7           8           9          10
 -0.06339028  0.38339679 -0.64913444 -0.09615100 -0.60372434
           11          12          13          14          15
  0.27489190 -0.07212466  0.10925910  0.09799348 -0.02166567
```

第4章　回帰分析を理解する　59

　1つ目のデータ，Y_1については，2.13なのに$\hat{Y}_1$が2.075004だったわけですから，残差は0.05499647，ということになります。

　このほかにも，モデルの評価の基準として，モデル適合度というのが考えられます。詳しい説明は後の章に譲りますが，ここではその読み取りだけを先取りしましょう。モデル全体の情報を要約して表示します。

```
summary(result.lm)
```

このコードを実行すると，次のような出力が得られます。

```
Call:
lm(formula = X1 ~ X2, data = dat.df)

Residuals:
      Min        1Q    Median        3Q       Max
 -0.64913   -0.06776   0.02316   0.10363   0.50765

Coefficients:
              Estimate   Std. Error   t value   Pr(>|t|)
(Intercept)  -1.626110     0.711252    -2.286     0.0397*
X2            0.008046     0.001274     6.313   2.69e-05***
---
Signif. codes: 0 '***' 0.001 '**' 0.01 '*' 0.05 '.' 0.1 ' ' 1

Residual standard error: 0.3183 on 13 degrees of freedom
Multiple R-squared: 0.754, Adjusted R-squared: 0.7351
F-statistic: 39.85 on 1 and 13 DF, p-value: 2.688e-05
```

　なんだか細かい数字がいろいろ表示されてきました。ソフトウェアによって違いはありますが，このように様々な情報が提示されるのが一般的です。さて，こうした結果で見るべき箇所は，次のようなものです。

　1．重相関係数R^2（Multiple R-squared），自由度調整済み決定係数（Adjusted R-squared）
　2．検定の結果（F-statistic や＊マーク）
　3．回帰係数の推定値（Coefficients の Estimate）

60　第Ⅱ部　言葉で理解する

　モデル適合度として見るべきところは，重相関係数 R^2，自由度調整済み決定係数（R^2_{adj} などと書きます）です。今回は $R^2 = 0.754$ となりましたが，これはこの説明変数が，被説明変数の分散の 75% を予測した，ということを示しています。この数字が 1.00 になると 100% ですので，大きければ大きいほどうまく当てはまっている，ということができるでしょう。この R^2 は説明変数の数やデータの大きさによって大きくなる傾向があり，そうした偏りを調整したものが R^2_{adj} です。こちらの数字を使う方が他のモデルとの比較には適しています[*7]。いずれにせよ，大きい方がよい当てはまりですし，これらの数字が 0.2 ～ 0.3 程度であれば「説明変数であまり説明しきれていない」ことになりますので，別の説明原理を考えたほうがよいかもしれません。

　回帰係数の統計的な有意性検定の意味や，回帰分析と有意性検定の関係については他書に譲ります[*8]。

4.3　重回帰分析への拡張

　ここまでは，相関係数と回帰分析を通じて，二変数間の関係を数値化する方法を見てきました。ですが，実際の調査場面においては，扱うべき変数が 2 つ以上であることの方が多いでしょう。回帰分析において，説明変数が複数になったものを重回帰分析と呼びます。

4.3.1　部分相関と偏相関

　重回帰分析の説明に入る前に，3 つ以上の変数がある場合の相関関係について考えてみましょう。

　変数 X, Y, Z の 3 つを分析対象とするとき，X と Y，X と Z，Y と Z の相関係数 r_{XY}, r_{XZ}, r_{YZ} は簡単に求めることができますね（図 4.7）。例えばこの 3 つの変数は，互いに強く相関し合っていますが，一対一の影響力がわかりにくくなっているともいえます。入試の得点が入学後の学業成績にどの程度影響しているのか，ということだけを考えたいとしても，「いやいや，高校時代の成績だって無関係じゃないよな」といわれると，純粋にそこだけの関係を考えるということは難しいかもしれません。

[*7]　データの大きさを n，説明変数の数を k とすると，$R^2_{adj} = 1 - \left[\dfrac{(1-R^2)(n-1)}{n-k-1}\right]$ で算出されます。この式から，R^2_{adj} は常に R^2 より小さくなることが明らかです。

[*8]　例えば南風原（2002）が参考になります。

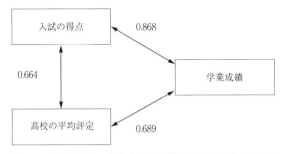

図 4.7　入試の得点，学業成績，高校の平均評定の相関関係

　しかし，回帰分析を用いることで，複雑な関係をうまく処理することができるようになるのです。回帰分析をある面から見れば，変数 X の影響力を除去した変数 Y について考える，ということができるのです。

　高校時代の成績（X）を独立変数とし，入学後の成績（Y）を被説明変数とした，回帰分析を行ったと考えましょう。このとき，X で説明されない残差（e_i）は，独立変数で説明できない Y の部分ということになります。ということは，その残差ともう1つの変数（入試の得点（Z））の相関係数を求めれば，高校時代の成績（X）が入学後の成績に与えた影響を除外した，変数間関係を考えることができる，と考えられるのです。この相関係数を特に，Y と Z の部分相関といいます（図 4.8）。

　しかし，実はこれだけでは十分ではありません。というのは，X と Z も相関している可能性がありますから，まだ X の影は消し切れていないのです。Z からも X の影響力を消し去る必要があります。どうしましょうか？　そう，先ほどと同じように，X を独立変数，Z を被説明変数とした回帰分析を行えば，残差として X の影響を除去したものが得られるはずです。このようにして，残差どうしの相関係数を求めれば，X の影響を取り除いた Y と Z の相関関係，ということができます。この相関係数を特に，（X の関係を除去した）Y と Z の偏相関係数（図 4.9）といいます[*9]。実は，偏相関係数は，いちいち回帰分析をしなくても算出するこ

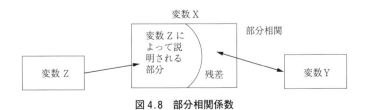

図 4.8　部分相関係数

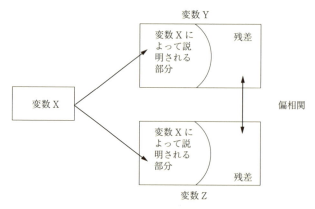

図 4.9 偏相関係数

とが可能です。変数 X の影響を除いた Y と Z の偏相関係数を求めるには，

$$\frac{r_{YZ} - (r_{XY} \times r_{XZ})}{\sqrt{1 - r_{XY}^2}\sqrt{1 - r_{XZ}^2}} \quad [4.7]$$

という式を使えばよいことがわかっています[*10]。

4.3.2 重回帰分析による予測方程式

さて上の例は，ある変数の影響力を除いた相関係数を算出しようということでした。そのような相関係数が求まるのであれば，同じようにある変数の影響力を除いた回帰係数も求まるはずです。このような回帰係数のことを偏回帰係数（図 4.10）と呼びます。

さて，ここまでの話をふまえて，重回帰分析の話にすすみましょう。重回帰分析をイメージで表現すると，次のように表すことができます（図 4.11）。

この図は何気なく見ていると，単回帰分析を 2 回やったように見えるかもしれませんが，そうではありません。というのは，X_1 から Y への影響を考えるときに，X_2 の影響を除去しなければならないし，同様に X_2 から Y への影響を考えるとき，X_1 の影響を除去しなければならないからです。そうでないと，X_1 や X_2 の影響が過大に評価されてしまうことになるからです。

この重回帰分析のモデルを数学的に表現すると次のようになります。

$$Y_i \approx \widehat{Y_i} = a_1 X_1 + a_2 X_2 + \cdots + a_N X_N + b \quad [4.8]$$

[*9] 偏相関係数のことは，英語では partial correlation といいます。影響力を除外することを，partial out する，ともいいます。なんかかっこいいですよね，これ。
[*10] 統計環境 R では，psych パッケージにある partial.r という関数を使えば算出できます。

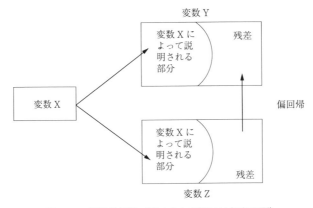

図 4.10　偏回帰係数（図 4.9 との違いは矢印の形）

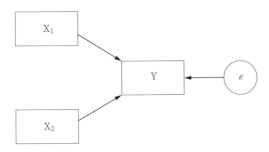

図 4.11　独立変数が 2 つのときの重回帰分析モデル

　それぞれの回帰係数, a_1, a_2, ……を求めるときも, 単回帰のときと同じく連立偏微分方程式を解くことになりますが, もちろんその手の計算はコンピュータがやってくれるので, 心配いりません.

　重要なことは, 最小二乗法や最尤法など, モデルを当てはめる基準の考え方と, 単回帰と重回帰の違いをしっかりふまえておくことです. また, 実際の調査に関わる際は, コンピュータがデータから答えを算出してくれるわけですが, それをどのように実行するのか, 得られた結果が何を意味するのかがわかる, ということのほうが重要です. そこで, 以下では実際の例をあげながら, 見ていくことにしましょう.

4.3.3　統計環境 R による重回帰分析

　それでは具体的な数値例と計算例で見ていきましょう. ここで, 表 4.2 のようなデータがあったとします.

64　第Ⅱ部　言葉で理解する

表 4.2　表 4.1 に変数を追加したもの

学生	学業成績 (Y)	入学試験の点数 (X)	高校の平均評定 (Z)
A	2.13	460	5.34
B	2.42	500	7.97
C	2.26	473	6.3
D	3.87	620	7.82
E	3.90	690	8.4
F	2.43	512	6.6
G	3.44	582	7.8
H	2.15	550	7.1
I	2.18	485	7.3
J	3.00	650	7.2
K	3.42	593	7.8
L	2.55	528	6.5
M	3.19	585	8.2
N	3.05	569	7.5
O	2.52	518	7.6

　次のコードは，R で重回帰分析をするときの書き方の例です。今回は，上のデータが csv 形式のファイルとして保存されており，それを読み込むというやり方をとっています。

```
データファイルの読み込み
dat <- read.csv("sample.csv",na.strings = "*",header = TRUE)
# 線形モデル (lm) 関数による重回帰分析
result.m <- lm(gakugyou ~ nyushi + koukou,data = dat)
# 結果の出力
summary(result.m)
```

　データ（表 4.2）が正しく読み込まれていれば，実行結果は次のように表示されます。

```
Call:
lm(formula = gakugyou ~ nyushi + koukou)

Residuals:
     Min       1Q   Median       3Q      Max
-0.62488 -0.12938  0.01002  0.18286  0.50918

Coefficients:
```

```
              Estimate    Std. Error   t value   Pr(>|t|)
(Intercept)   -2.047518    0.802922     -2.55     0.02546*
nyushi         0.006812    0.001690      4.03     0.00167**
koukou         0.151517    0.137772      1.10     0.29301
---
Signif. codes: 0 '***' 0.001 '**' 0.01 '*' 0.05 '.' 0.1 ' ' 1

Residual standard error: 0.3158 on 12 degrees of freedom
Multiple R-squared: 0.7766,Adjusted R-squared: 0.7393
F-statistic: 20.85 on 2 and 12 DF, p-value: 0.0001244
```

　重回帰分析の結果として示されるのは，偏回帰係数であることに注意してください。ではその偏回帰係数を見てみましょう。Rはlmという関数を使って回帰分析を実行し，最尤法による推定値の計算を行っているのでした。その推定値（Estimates）は，切片が−2.048，入試の係数が0.007，高校の平均評定の係数が0.152となっています。すなわち，予測式としては，

$$Y = 0.007X + 0.152Z - 2.048$$

と結果が得られたことになります。

　この偏回帰係数から，（入試の成績が同じであれば）高校時代の成績が1ポイント上がるごとに学業成績が0.152ポイント上がる，ということがわかります。あるいは，（高校時代の成績が同じであれば）入試の成績が1ポイント上がるごとに，学業成績が0.007ポイント上がる，ともいえます。さて，この0.152と0.007を比較すると，ずいぶんと後者の「入試の成績」の影響力が低いように思えるのではないでしょうか？

　実はこの比較は正しくありません。というのも入試の成績は700点満点（3桁）の数字であり，高校の平均評定は2桁にもならない数字だからです。さらに，予測したい学業成績の数字は1桁の数字ですから，入試の成績と学業成績の関係を数式に表すなら，まず桁数を整えるために入試の成績を1/100ぐらいにしなければなりません。実際の係数が小数点下3桁から始まっているのは，この桁数の調整に必要だったということを意味しているのです。同様に，高校の平均評定はその桁合わせが1/10ぐらいでよかった，ということに過ぎません。これでは2つの係数をそのまま比較するのはフェアではない，ということになります。

　実はこれと同じような話は，以前にも考えたことがあったのでした。単位が異なる数字はそのまま比較できない，ということで，変数のサイズを整えるために，標準化しようという話があったのを覚えているでしょうか（p. 26, 2.3節を参照）。

66 　第Ⅱ部　言葉で理解する

　ここでも同様に，変数の大きさを整えた回帰係数，すなわち標準偏回帰係数を考よう，ということになります。

4.3.4　標準偏回帰係数の意味

　素データから得られた回帰係数は，結果を被説明変数に一致させるための重みなので，独立変数の単位に大きく左右されます。例えば，独立変数として身長のデータを使うとしましょう。この身長の単位がmからcmに変わるだけで，その回帰係数は1/100になります。このように，単位に左右されてしまうということは，他変数との影響力の違いがすぐにわからないということを意味します。

　そこで，偏回帰係数の大きさが測定単位によって左右されないようにするために，各変数を平均0，標準偏差1に標準化することを考えます。標準化された独立変数を用いることで，独立変数間の影響力の相対的大きさを比較することができます。社会調査のデータは，必ずしも変数の単位が一定ではないでしょうから，標準化されていない係数よりも標準化された係数の方が，使い勝手がよいことが多いでしょう。

　実際にやってみましょう。ここではデータ全体を，独立変数も被説明変数も区別せず，それぞれ標準化しています。

```
# データを標準化する
dat.z <- scale(dat)
# データをデータ・フレームと呼ばれる型に変換する
dat.z <- as.data.frame(dat.z)
# 回帰分析。データの指定が標準化された dat.z のほうになっていることに注意
summary(lm(gakugyou~ nyushi + koukou,data = dat.z))
```

このようにすると，出力結果が次のように変わります。

```
Call:
lm(formula = gakugyou ~ nyushi + koukou, data = dat.z)

Residuals:
     Min       1Q    Median        3Q       Max
-1.01031  -0.20918   0.01621   0.29565   0.82324

Coefficients:
              Estimate  Std. Error  t value  Pr(>|t|)
(Intercept)  1.575e-16   1.318e-01     0.00   1.00000
```

```
nyushi          7.352e-01   1.824e-01      4.03   0.00167**
koukou          2.006e-01   1.824e-01      1.10   0.29301

---
Signif.codes: 0 '***' 0.001 '**' 0.01 '*' 0.05 '.' 0.1' ' 1

Residual standard error: 0.5106 on 12 degrees of freedom
Multiple R-squared: 0.7766,Adjusted R-squared: 0.7393
F-statistic: 20.85 on 2 and 12 DF, p-value: 0.0001244
```

推定値のところに記号 $e-16$ や $e-01$ のようなものが入っていますが，これは 10^{-16} や 10^{-1} を意味するコンピュータ独自の表現方法です。これは桁数が非常に大きくなると表示しきれなくなるからで，実際には切片の $1.575e-16$ という表記は，1.575 に 10 のマイナス 16 乗をかけたもの，すなわち 0.0000000000000001575 であることを意味しています。実質的にはほとんど 0，ということになりますね。それよりも，入試や高校の成績の係数を見てみましょう。入試成績の係数は $7.352e-01=0.7352$，高校時代の成績の係数 $2.006e-01=0.2006$ であることがわかります。すなわち，標準化された予測方程式は，

$$Y.z = 0.7352X.z + 0.2006Z.z$$

であるといえるでしょう（切片はほぼゼロなので書いていません）。これは単位を整えた数字ですので，係数の大きさがそのまま相関の高さ，影響力の大きさ，予測変数としての重要度を表しています。この標準化係数を用いると，学業成績を予測するのには，高校の平均評定よりも，入試の点数のほうがふさわしい，ということができます。

　ちなみに，切片は（ほぼ）ゼロでした。この切片は，説明変数と被説明変数の大きさ調整する，データ全体に下駄を履かせるような役割をもったものです。各変数を標準化したデータで回帰分析すると，すべての平均が 0 に整えられていますから，このような帳尻あわせは必要なくなります。ですから今回，実質 0 のようなごく小さい数字になっているのです[11]。

4.3.5　使用上の注意といくつかのテクニック

　最後に，回帰分析を実際に運用するにあたっての注意と，知っていれば便利なコツを紹介しておきましょう。

---

*11　数学的には，厳密にはちょうど 0 になるのですが，コンピュータはあくまでも有限の桁数内で計算しているため，どこかで切り捨てた値のちょっとした誤差が残ってしまっています。

68　第Ⅱ部　言葉で理解する

多重共線性への注意

　重回帰分析のとき，忘れてはならない重要な注意点があります。それは「独立変数間は相互独立（無相関）でなければならない」という仮定です。独立変数Ａとｂの間に相関関係がある場合，被説明変数ＹはＡによって説明されるのか，ｂによって説明されるのか，はっきりしないことになります。r_{AB} が十分に大きい場合は，ＡとＢの間にもすでに線形関係が成り立っているので，被説明変数Ｙは $A \rightarrow B \rightarrow Y$，あるいは $B \rightarrow A \rightarrow Y$ という双方向的な線形関係によって説明されている可能性があるわけです。

　このような場合，多重共線性（multicollinearity）[*12] の疑いがあるといい，求められた標準偏回帰係数が適切でない可能性があります。独立変数間に相関がないとわかっている場合は，このような問題は生じないので，事前に確認しておくとよいでしょう。統計パッケージによっては，多重共線性の疑いをチェックしてくれる機能があるものもあります[*13]。

変数を選択する

　理論的に考えられる説明変数が X_1，X_2，X_3，X_4 と４つあったとします。基準変数 Y を予測するのに，X_1 と X_2 を使えばいいのか，X_1 と X_3 を使えばいいのか，X_1 と X_4 なのか，X_1 と X_2 と X_3 の３つでいけばいいのか，それとも，それとも……と，ありうる可能性から考えていくと，様々な組み合わせを考えなければなりません。すべての変数を入れたままでよいのでは，という意見もあるかもしれませんが，説明力の弱い独立変数が含まれていると，回帰式が煩雑になるので結果の解釈が難しくなるという実際的問題もあります。そこで，モデルの適合度を基準に，変数を選別することを考えます。

　ある変数 X_1 が Y を予測するのに効果的であったとします。同時に，他の X_2 も有用なときには X_1 と X_2 の両方を使った方がいいモデルになるでしょう。こういった複数のモデルが提案されるとき，モデルの評価として重相関係数 R や決定係数 R^2 をみることになります。このとき，同じ変数を使った重回帰分析を行えば，説明変数の多い回帰モデルの方が，必ず R^2 が大きくなります（図4.12）。

　これは重回帰分析のモデルを考えると当然のことです。ある変数 X_1 で説明し

＊12　多重共線性が起きたときのことを，通称で「マルチコ」が起きた，などといいます。

＊13　過去の研究例には，因子分析によって得られた因子得点を独立変数とし，重回帰分析を行うことがありました。これはバリマックス回転（直交）を行った後の因子得点を用いるもので，直交因子構造が仮定されているために使える，ある種裏技的利用法です。しかし，最近は因子分析モデルと回帰分析モデルを統合した構造方程式モデルが登場したので，このような利用法は見かけなくなりました。

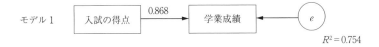

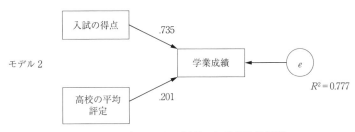

図 4.12　モデルの比較（係数は標準偏回帰係数）

きれなかった部分を，他の変数 X_2 で補うことになるのですから，片方よりも両方使った方が，全体としての当てはまり（適合度）はどんどん上がっていくことになるのです。しかし，その上がり幅がごくわずかであれば，そのような変数は無理に投入しない方がよいかもしれません。このように，モデルの適合度が統計的に有意なレベルで変化したか，という基準で判断し，機械的に反復してよさそうなモデルリストを作る方法がステップワイズ法です。

　ステップワイズ法は逐次投入法とも呼ばれます。変数を順に増やしてすべての説明変数が入るまで試す増加法，逆にすべての説明変数を投入したモデルから，影響力の弱い変数を順に除外していく減少法がありますが，いずれにせよ（統計的な観点で）有意味なモデルリストを作ることができます。実際に回帰分析をするシーンでは，ステップワイズ法による変数選択は非常に有用なテクニックです。

　分析の目的の場合は得てして，解釈できるものを適切に（冗長になりすぎないように）選んで，調査報告書として意義のあるモデルを提示できるかどうかというところにあるでしょう。変数が多ければ R^2 が大きい，というのは数学的に明らかなことなので，適合度指標だけにとらわれて，モデルを考えるのは避けたほうがよいでしょう。

引用文献
南風原朝和（2002）．心理統計学の基礎―統合的理解のために　有斐閣アルマ

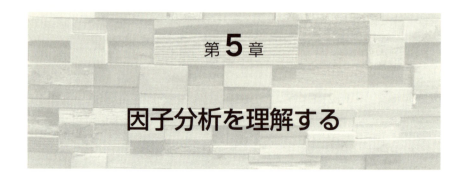

第5章 因子分析を理解する

5.1 因子分析の目的

さて,ここからは第二の系列である,因子分析を取り上げましょう。

因子分析は,情報圧縮の手法です。しかし,このたった1つのシンプルな説明も,説明の仕方によっては2通りの意味をもたせることができます。1つは,少数の説明要因に話をまとめるため,という「要約」としての意味があります。もう1つは,データの奥に潜む心理的な要素そのものを取り出すため,という「潜在変数の抽出」という意味です。この2通りの説明の仕方は,異なっているようでもありますが,当然同じ分析方法ですので,同じことの2つの側面ともいえるでしょう。実際には,数多く用意した変数のうち,要するにどの変数とどの変数が関連しているのか,あるいはいくつの要因からデータ群が構成されているのか,ということを探っていくのですが,ここでもキーとなるのは,変数どうしの「共変動」ということになります。

5.1.1 要約という側面から

例えば調査対象者に,20項目からなる質問をしたとしましょう。それぞれQ1～Q20として,調査対象者の回答傾向を説明するときに,20項目それぞれの平均値,分散,標準偏差,最大値,最小値,中央値,度数……をあげていくと,ていねいではありますが,大変な情報量ですね。説明を聞くほうも体力がいりそうです。そこで,「要するにどういうことなのですか」と質問したくなるでしょう。

説明する側も,説明要因をいくつかに絞って効率よくいきたいと考えるでしょう。そのとき,共変動をヒントにすることができます。例えば,Q1とQ3, Q4, Q6がそれぞれ高い相関関係にあったとします。例えば性格テストの項目で,そ

の中でも 4 つの質問が，例 10 のように「誠実である」「親切である」「思いやりがある」「寛大である」というものにあなたは当てはまりますか？と聞くものであったとします。これらは，それぞれ似たような概念ですから，当然結果として高い相関が得られることになります（例 10）。

相関が高いということは，これら 4 つの変数は同じ動き，同じ回答傾向を引き起こすものですから，1 つの要因としてまとめることができるでしょう。

例10 変数と相関関係の例

		Q1	Q3	Q4	Q6
Q1	誠実である	1.0	0.8	0.6	0.7
Q3	親切である		1.0	0.5	0.9
Q4	思いやりがある			1.0	0.8
Q6	寛大である				1.0

この結果から，複数の高い相関係数をもつ群を「親切さんグループ」としてまとめることができれば，説明は 1 回ですみます。あとで，親切な人は○○な特徴をもっていますよ，というように語ればよく，これは「Q1 に高い点数をつける人は，Q3，Q4，Q6 も高くて，Q3 が高い人は Q4 と Q6 も高くて……」というよりはるかに効率的です。このようにして，相関関係の高い変数群を抜き出すこと，これが因子分析の目的が「要約」にある，という側面です。

5.1.2 「潜在変数の抽出」とは

ところで先ほどの項目群，「誠実である」「親切である」「思いやりがある」「寛大である」が高い相関をもつのは，私たちが「誠実な人は親切な人でもあるし，思いやりもあるし，寛大な心をもっているだろうな」という考え方をするからだと思われます。誠実さとか親切さ，といった人間の特徴はどこか共通しているように思えるわけです。そんなとき私たちは，それらを総合的に考えて，「いいひと」などと表現したりしますね。表に出てくるふるまいから，目に見えない（潜在的な）特徴を仮定し，それに名前をつけて表現するわけです（図 5.1）。

この 4 つの変数を 1 つにまとめた場合，「いいひと度」などと名づけたほうがよさそうです。実はこれが，因子分析のもう 1 つの側面，潜在変数を抽出する[*1]ということです。

上記の性格特性のような例の場合，常識的に考えて，調査をしなくてもそれぞ

図 5.1 潜在変数を見いだす

れの項目が高い相関関係にありそうだということが前もってわかりそうなものです。しかしまったく新しい概念の場合，新しい現象の説明要因だったりする場合など，実際はやってみないとわからないこともあります。そういうとき，複数の項目がどのように関係し合っているか，つまり相関関係がどうなっているかをまとめあげ，そのまとまり方から「実はこういう共通要因があったんじゃないか」と考え出すことができるのです。

このように，まだ実態が定かでないものを，探りながら見つけていく因子分析のやり方を，探索的因子分析（Exploratory Factor Analysis: EFA）とよびます。ところで，心理学の理論などから「こういう潜在特性で説明できるはずで，その潜在特性はこのような項目や変数に現れてくるに違いない」と，事前に目星をつけることができるのであれば，その事前の考え方が正しかったかどうかを検証するためにも因子分析をやることがあります。このような場合は，検証的因子分析（Confirmatory Factor Analysis: CFA）とよばれ，事前に抽出する潜在特性の数や，項目との対応などを定めたモデルをデータに当てはめる，という使い方をします[*2]。

5.2 因子分析の実践
5.2.1 因子分析のデータとモデル

因子分析法の目的がわかったところで，実際にどのようなデータをどのように分析するのか，そのイメージを確たるものにしてみましょう。ここでは仮面ライ

[*1] 抽出する，という表現に対する反論もあります。この言葉では，本質的に潜んでいるものを取り出す，という意味に聞こえますが，やっていることはモデルの当てはめです。つまり，そういう潜在特性があると研究者の側が主観的に仮定しており，それを検証しているだけであって，「本当にそれがある」とはいえないのです。自分が見たいものを見つけただけ，自分で埋めたものを掘り返して発見したといっているようなもの，という側面があることを忘れずにいたいものです。p. 91 の脚注「てっちゃんの手品」も参照してください。

[*2] 検証的因子分析は，SEM のモデルとして実行されるものがほとんどです。SEM については本書 10.1 を参照してください。

ダーを例にとって話を進めてみたいと思います[*3]。

　仮面ライダーを知らない人のために少し補足すると，仮面ライダーは悪の軍団に改造人間にされた男が，正義のヒーローとして逆襲し悪の軍団を蹴散らすという，石ノ森章太郎原作のドラマです。最初の仮面ライダーを1号，その後2号，V3（3号），ライダーマンなどシリーズ化しましたが，「ライダー」という言葉からもわかるように，全員がバイクに乗って闘うところが共通点であるといえるでしょう。そのほか，ライダーパンチ，ライダーキックといった必殺技も，様々な仮面ライダーに受け継がれている共通の技です。

　ではまず，仮面ライダー1号のエピソードを1つ，見たとしましょう。30分ドラマの中には，いろいろなシーンが含まれます。ですがだいたいは，導入部分で新しい敵（怪人）が現れて無垢な市民に迷惑をかけ，そこに主人公が駆けつけて変身し，やっつけるという一話完結の勧善懲悪モノです。

　さて，ライダーが格好よくバイクに乗って登場し，アリ怪人をパンチでやっつけた！といったような話だったとしましょう。そうするとこの話の中身は，

> 「仮面ライダー1号 VS アリ怪人！の巻」＝
> 食事のシーン＋子どもが襲われるシーン＋バイクのシーン
> ＋パンチのシーン＋キックのシーン＋最後の決め台詞のシーン

といったように，放送時間の内訳をエピソードの足し算の式で表現することができます。ただし，1つの話を見ただけでは，ライダー1号の他の側面や，他のライダーとの共通点はわかりません。そこで，（昭和の）仮面ライダー・シリーズを全話見てみたとしましょう。すると全体の共通点として，「バイクに乗って闘う」「ライダーパンチを繰り出す」「ライダーキックを繰り出す」「怪我をしてもすぐに治る」……などの特徴がみえてくるでしょう。これはライダー1号であれ，2号であれ，敵がアリ怪人であれ，ムカデ怪人であれ，お決まりのパターン，定番の作り方なのです。もちろんライダーごと，エピソードごとの細かな違いはありますが，くり返すことでパターンがみえてきます。先ほどと同じように式で書くと次のようになります。

＊3　昭和の頃の古い仮面ライダーの話だと思って聞いてください。平成の仮面ライダーは非常にバラエティに富んでおり，仮面ライダーも1つのシリーズで複数人出てくることはザラです。昔のように敵と味方がはっきりしていることもなければ，闘うときに必ずバイクに乗るというわけでもありません。ライダーキックは出るようですが，必殺技の名前を叫んでから繰り出すスタイルも見かけません。

74 第Ⅱ部 言葉で理解する

「仮面ライダー１号 *VS* アリ怪人！の巻」
　　＝バイクのシーン＋パンチのシーン＋キックのシーン＋その他
「仮面ライダー１号 *VS* ムカデ怪人！の巻」
　　＝バイクのシーン＋パンチのシーン＋キックのシーン＋その他
「仮面ライダー１号 *VS* ケムシ怪人！の巻」
　　＝バイクのシーン＋パンチのシーン＋キックのシーン＋その他
「仮面ライダー２号 *VS* アリ怪人！の巻」
　　＝バイクのシーン＋パンチのシーン＋キックのシーン＋その他
　　　　　　　　　　　　　　　　⋮
「仮面ライダー *BlackRX VS* ケムシ怪人！の巻」
　　＝バイクのシーン＋パンチのシーン＋キックのシーン＋その他

　このように，共通要素とその他に分けて，式の形を整えた連立方程式ができ上がりました。この方程式が意味しているのは，どのライダーにも，どの話にも，バイク，パンチ，キックのシーンは必ず含まれているということです。各ライダー，各エピソードによる独自の特徴は，「その他」の中にひとまとめにしてしまいました。

　ところで，上の式で，あれ？おかしいな，と思った人がいるかもしれません。仮面ライダーの１号，２号のどちらもアリ怪人と闘っているし，ケムシ怪人も複数回出てきているからです。実際の仮面ライダーで，シリーズごとに同じ怪人が出てくるというわけではありませんが，ここではそういう世界，つまりどのライダーも同じ怪人すべてと闘っている，と思ってください。式中の「…」には同じ怪人がくり返し入っています[4]。

　さてまた，各エピソードについては，バイクのシーンが長いものもあれば，パンチのシーンが多かったものもある，といった特徴があるでしょう。そういう特徴を表現するために，各シーンの放映時間の長さを書き加えて表現してみましょう。

「仮面ライダー１号 *VS* アリ怪人！の巻」(30分)
　　＝バイクのシーン（2分)＋パンチのシーン（8分)

---

[4] 敵の完全な重複はありえないと思いますが，仮面ライダーは基本的に虫をモチーフにした敵ですので，重複しているところだけ抜き出した，と理解してもかまいません。それでもそんなにあるわけではないのですが……。

＋キックのシーン（5分）＋その他（15分）

「仮面ライダー1号 *VS* ムカデ怪人！の巻」（30分）

　　＝バイクのシーン（8分）＋パンチのシーン（3分）

　　＋キックのシーン（5分）＋その他（14分）

　　　　　　　　　　　：

「仮面ライダー *BlackRX VS* ケムシ怪人！の巻」（30分）

　　＝バイクのシーン（5分）＋パンチのシーン（5分）

　　＋キックのシーン（2分）＋その他（18分）

　このようにすれば，もう少し細かく表現できたことになります。これが因子分析の基本的なアイデアです。

　先ほど，各ライダーは全員同じ怪人と闘ったものとする，という話をしました。仮面ライダーの話としてはおかしいかもしれませんが，これは社会調査のたとえ話です。つまり，ここでの怪人とは「質問項目」のことであり，各ライダーは「回答者」のことです。回答者は誰しも，同じ調査票・同じ質問項目に答えるのが一般的です[*5]。さて，そのような調査項目が，多くの人の協力によって集まってくると，「なるほど，こういうパターンがあるんだな」とみえてくることがあるわけです。もちろんすべての調査項目，調査票を見ていて見つけ出せればよいですが，上で述べたような共変動，項目どうしの相関係数に基づいて見つけ出すほうが効率的です。

　そのパターンから，共通する特徴（因子）を見つけ出し，各エピソード（各人の回答）の特徴を重みづけによって表現するのが，因子分析の目指すところなのです。表現できない部分は「その他」として，共通しない部分＝独自性として分離します。このとき重要なポイントは，全話（全調査者の回答）を見たうえで共通部分を取り出しているということであり，全話以外の外的な基準があるわけでなく，仮面ライダー・シリーズに埋め込まれたエッセンスを見いだしているというところです。

　このことからわかるように，因子分析をすると2つの特徴が出てきます。1つはもちろん，共通要素，因子の特徴です。全話に通じる仮面ライダーのエッセンス，あるいは調査項目から推察される潜在的な共通成分です。どこからが共通成

[*5]　調査のデザインによっては，該当者だけ回答する項目や，わざと項目や文言を変えた調査を行って，その違いをみるように設計されるものもあります。ここではより平易な，全員が同じ項目に答えるものを想定しています。

分で，どこからが独自成分なのかは，見てみないとわかりませんが，データの数理的な構造から因子数はいくつにするべきか，ということが示されることがあります。

もう1つの特徴は，各エピソード，各回答者の特徴です。ライダー1号はパンチを多用する，ライダー2号はキックを多用する……といった共通要素とライダーの関係が，重み（放送時間）で表現されているわけです。社会調査の場合でも，どの回答者にも共通要素A，B，C……がありますが，回答者との関係は様々で，ある回答者は共通要素Aをたくさんもっているが，別の回答者は要素Aをあまりもっていない，強く影響されていない，ということが表現できるわけです。

因子と項目の関係，因子と回答者の関係，この2つの側面から全体を表現する技法が因子分析だということです。

5.2.2　因子分析のイメージ図

さて，最後に因子分析のモデルをイメージ図で見ておきましょう。ここで特に，この後で使う専門用語とともに解説を加えます（図5.2）。

■**固有値**（eigenvalue）　固有値とは因子の大きさのことです。因子は共通要素であり，その大きさを表現することができます。項目数がN個ある項目を因子分析すると，因子は実はN個出てきます。ただし，それぞれの因子には固有値とい

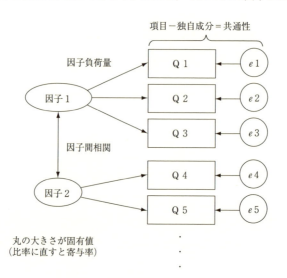

図5.2　因子分析のイメージ図

う大きさを表す数字がついていますので，大きい順に並べていって，小さくなれば「これはもう影響力が小さいから，独自成分だな」というように取り分けることができます。

　因子分析は複数の項目を対象に施す分析です。各項目はそれぞれ分散＝情報をもっています。後ほど説明しますが，分析は相関行列から始めますので，分散の大きさは各項目 1.0 に規格化されています。つまり，N 項目の分散の総量は N あることになります。分析する前は，1 つの項目が 1.0 ずつもっているわけですが，因子分析はこの総量 N の情報を，項目間の共通成分に割り振り直し，大小優劣の違いをつけて並べ直すのです。

　とはいえ，総量 N は変わりません。全因子の固有値の総和は N になります。ですから逆に，固有値はある因子が何項目分の説明力をもっているかを計る指標として機能するのです。

■寄与率（contribution coefficient）　固有値の大きさを，全体に対する比率になおしたものを特に寄与率といいます。意味合いは固有値と同じです。寄与率がより大きい因子は，より重要な意味をもつ因子であると考えられますし，これが数％しかない因子は全体に貢献しないのですから，その他の要素は独自性として考えよう，といった判断に用いることができます。

■共通性（communality）　因子分析は各項目に対して，それが複数の共通因子と独自成分でどの程度説明されるかを明らかにしてくれますが，この共通因子の大きさだけをまとめたものを共通性といいます。つまり共通性は，当該項目が共通因子でどれぐらい説明されるか，他の項目とどの程度共通している要素をもっているかを表している数字ということになります。

　この数字が低いということは[6]，当該項目が他の項目と共通していない，ということを意味します。他の項目と共有する部分が少ないともいえます。先ほどの仮面ライダーの例でいえば，あるエピソードが「番外編」で，定番のエピソードと全然違うストーリー展開をしている，といったような場合です。そういうときは，「これは特別な回だから」と考察対象から除外するべきかもしれませんね。

　社会調査の場合も同様で，ある項目の共通性が低い変数は，そもそもその因子分析，その「分析の枠組み」に入らない変数であるということで，分析から除外

───────────────

＊6　おおよそ 0.3 ぐらいが判断の目安です。

78　第Ⅱ部　言葉で理解する

すべきかもしれません。ただしその変数が因子分析に向かない，という理由は反省しながら考えるべきでしょう。その変数が他の変数と共変動する要素が少なかったことが原因なのですから，その理由を考える必要があります。例えば，全体的な調査目的と関係ないことを問うている質問項目だったのかもしれません。またあるいは，質問の仕方が悪かった，あるいは回答のさせ方（反応カテゴリ）が不適切だったのかもしれません。個々の変数の分散が小さくなれば，当然他の変数との共分散も小さくなりますから，調査の設計に立ち戻って反省すべき点が見つかるかもしれません。

■因子負荷量（factor loading）　端的にいうと，因子負荷量は各変数と各因子との関係の強さのことです。探索的因子分析の場合は，共通因子がいくつあるかとか，どことどこの項目の相関係数が高くて１つの因子として出てきているか，ということが事前にわかっていません。事前にわからない状態からでも因子分析をすると，共通する要素が因子として抜き出されてきます。さて，では出てきた因子はどういう意味があるのでしょうか。これを考えるときに，因子負荷量をみてみることになります。出てきた因子と各項目との関係の強さが因子負荷量になって現れているのですから，因子負荷量が高い＝関係が強い項目からその因子が何なのかを考えるヒントを得るわけです。

　冒頭の例でいうところの，「誠実さ」「親切」「思いやり」「寛大さ」という項目について高い因子負荷量をもつ因子は，「いいひと度」を表している，と考えることができるということです。探索的因子分析の場合は，このように因子に名前をつけるときに因子負荷量を参照します。

　理論的な仮定から，事前に因子構造がわかっている検証的因子分析の場合は，因子負荷量の程度が興味深い考察対象になることがあるかもしれません。例えば男性と女性で同じ因子構造を仮定できたとしても，その因子負荷量の大きさは異なっているかもしれません。男性よりも女性のほうが「いいひと度」を表す項目どうしの結びつきが強い，ということから考察が進むこともあるかもしれないですね。

■因子得点（factor score）　図5.2には示されていない数字ですが，因子得点は各因子と回答者の関係の強さを表す数値です。因子分析は回答者×項目の組み合わせの中から，共通因子を取り出す分析ですが，項目と因子の関係が因子負荷量であり，回答者と因子の関係を因子得点で表すのです。

　どの回答者にも共通する要素はありますが，共通していることと，同じように

影響されていることは違います。例えば人間の性格は5因子あるといわれており，その1つに外向性，つまり他者と関わることが好きかどうかの程度，という共通要素があるとされています。人間誰しも，他者と関わることがあるわけですから，共通要素として出てくるのは当然ですが，人によってそれが好きな人もいれば嫌いな人もいる，得意な人もいれば不得手な人もいる，というのもまた当然なわけです。

　研究の目的によっては，どのような共通因子が得られるかということが重要な場合もありますが[*7]，その共通因子との関係の強さが，他の行動や指標とどのように関係しているか，あるいは関係が強い人と弱い人の違いは何か，という問題が重要な場合もあります。特に人文社会科学的な領域では，人の内面や個人的要素の特徴のほうが重要であることも少なくありません。これを表現しているのが因子得点であるということができます。

■因子間相関（factor correlations）　因子間相関はその名の通り，因子どうしが相関する場合の相関係数を表しています。共通因子は複数出てくることが一般的ですから，その因子どうしが相関するのかどうか，するとすればどれほど強く相関するのかにも興味があるわけです。

　因子どうしが相関すると考えることが一般的ですが，因子どうしが相関するかどうかは，分析するときに分析者が決めることができます。相関しないもの，と仮定して分析することもできますし，もちろん相関するものとして分析することもできます。一般に分析の進め方として，まずは相関があるものとして分析を行い，結果的に因子間相関が十分小さいようであれば，もう一度改めて相関がないものとして分析し直すことになります。相関がないモデルのほうが，解釈が単純になりますので，できることなら相関がないモデルのほうがよいと考えます。因子間相関が十分小さい，と判断する基準は，およそ0.3です。すべての因子間相関が0.3よりも小さいようであれば，相関のないモデルで再分析したほうがよいでしょう。

5.3　因子分析の実際

5.3.1　統計パッケージによる因子分析

　ここまでで，因子分析の目的やイメージ，用語などの説明を行ってきましたが，

＊7　例えば性格心理学はまさに，いくつの性格要素があるかということが研究テーマの1つです。

80　第Ⅱ部　言葉で理解する

具体的な数値例とともにそれらをみていくことにしましょう。因子分析に限らず，多変量解析は，実際に自分のデータを慎重に分析する流れの中で，コツがわかってくるということも少なくありませんので，皆さんもご自身のデータを見ながら，手を動かしながらやっていただければと思います。本章の因子分析で使うデータは，次のような5教科のテスト結果です（表5.1）。

このデータから，変数どうしの相関行列を，表5.2に表してみました。

表5.1　因子分析例データ

学籍番号	国語	算数	理科	社会	英語
1	42	50	50	50	37
2	52	60	48	39	65
3	54	46	55	51	55
4	59	42	54	59	45
5	53	31	36	44	50
6	56	41	54	50	66
7	49	47	63	61	46
8	63	47	56	64	57
9	58	47	51	49	49
10	57	47	45	50	47
11	53	56	68	50	44
12	51	48	37	51	38
13	40	50	53	42	45
14	51	55	45	48	48
15	57	55	51	51	41
16	28	55	49	29	29
17	28	85	65	33	49
18	42	51	52	30	42
19	39	54	45	43	37
20	56	60	36	46	53
21	64	55	62	50	48
22	53	49	43	46	35
23	58	42	35	60	52
24	64	50	56	68	57
25	49	56	63	48	49

表5.2　因子分析例データの相関行列

	国語	算数	理科	社会	英語
国語	1.000	−0.494	−0.089	0.759	0.508
算数		1.000	0.388	−0.445	−0.073
理科			1.000	0.074	0.116
社会				1.000	0.335
英語					1.000

このデータに因子分析を施すとどのような結果が出るのでしょうか。手順をおって説明していきたいと思います。

R による因子分析

　実際にデータを多変量解析する場合には，回帰分析と同じく統計ソフトを使うことになります。因子分析系の計算途中にある複雑な行列計算は，一般的な表計算ソフトではできないので，専門的なソフト（SPSS，SAS，R など）が必要になるのです。

　ここでは R を使った例を示します。実際のコードは次のようになります。

```
# データの読み込み
data <- read.csv("sampleData.csv",header = T,na.strings = "*")
# 分析に必要なライブラリの読み込み
library(psych)
# 因子分析の実行プログラム
result.fa <- fa(data,fm = "uls",nfactors = 2,rotate = "geominQ")
# 分析結果の表示
print(result.fa,sort = TRUE)
```

　各行にはそこで何をしているか，コメントをつけています。最初の行はデータを読み込むところで，ここでは csv 形式のファイルを読み込んでいます。次の行は，因子分析に必要なライブラリを読み込んでいます。このライブラリがなくとも因子分析をすることはできますし，他のライブラリでも因子分析関数をもっているものもありますが，筆者のお勧めはこの psych パッケージを使って分析する方法です。

　実際の分析は fa という関数で行っています。因子分析をしろ，というだけであれば，fa という関数にデータを与えるだけでよさそうですが，実際は様々なオプション設定をする必要があります。重要なオプションは「因子抽出法」「因子数」「因子軸の回転方法」の 3 つです。後ほど説明しますので，ここではそういうのがあるのだな，ということを記すにとどめます[8]。

＊8　注意しなければならないのは，関数にはデフォルトの値というのがあるということです。実際特に指定しなくても，分析結果は出てきますが，そこには隠されたオプションのデフォルト値というのがあります。今回は R の例を示していますが，SPSS や SAS などでも，オプションがあること，そのデフォルト値があることは同じです。分析を行うときはそのヘルプを見て，デフォルト値がどうなっているか，しっかり確認しておくようにしましょう。

82   第Ⅱ部　言葉で理解する

5.3.2　探索的因子分析の手順

　因子分析には，探索的に行う探索的因子分析と，理論やモデルの検証のために行う検証的因子分析の2つがあるのですが，今回のデータは，特に事前の仮定やモデルがあるわけではありませんので，探索的なスタイルで分析を進めていくことにします。探索的因子分析の場合は，因子の数がいくつあるかもわかりませんので，そこを探るところから始め，因子の数が決まったら，その因子が何を表しているのか解釈し，命名する，という二段構えで分析は進みます。

因子数の決め方

　変数の数が N 個あるデータ，その相関行列を因子分析にかけると，N 個の因子（固有値・固有ベクトル）が得られます。因子分析の目的は，情報の要約であり，少数の潜在変数の発見なのですが，例えば今回の5変数から5因子が出てきた，というのであれば要約したことにはなりません。説明効率のよい少数の共通因子と，説明に使えそうにない独自因子とに区分する必要がありますが，その線引きをするのは分析者に委ねられているのです。

　しかし，その線引きにも何らかのガイドラインが欲しいところですね。理論的に考えられるいくつかの基準がありますので，それらを紹介していきます。古典的な基準と現代的な基準がありますが，急ぐ場合は p. 87 の「より客観的な基準へ」までスキップしてもかまいません。

古典的な4つの基準

　古典的には，次にあげる4つの基準で因子数を決めることが多くみられました[9]。古典的に，といいましたが，これらの基準はいずれも因子分析の考え方や計算内容に即した，合理的な基準であり，時代が変わって意味がなくなったというものではありません。

■基準1　固有値の大きさが1.0以上であること　因子分析を行うと，因子の大きさが固有値という値で表現されるのでした。この固有値は，値の大きいものから順に並べていくのが一般的です。大きな固有値は大きな説明力を有しており，小さな固有値を共通因子ではない，と判断するので当然です。さて，その線引きの基

---

[9]　今でも統計ソフトウェアによっては，デフォルトでこれらの基準になっていることがあります。

準として，固有値の値が 1.0 よりも小さいものは独自因子である，と判断するというのが第一の基準です。これを特にガットマン基準とよぶことがあります。

　固有値が 1.0 というのはどういう意味があるのでしょうか？　実は，固有値は元の（相関）行列に対して，因子がどれくらいの影響力をもっているかを表しています。これは，固有値の数学的性質である「固有値の総和は元の行列のトレースに等しい」ということに関係しています。

　トレースというのは数学の演算で，行列の対角項を総和するというものです。ということは，N 個の変数からなる相関行列のトレースの値は N になりますし，その行列から得られるすべての固有値の合計も N である，ということになります。$N \times N$ の相関行列は N 個の変数からできているのですから，1 つの変数が 1.0 ずつの情報（分散）をもつように規準化されていると考えることができるわけです。そうすると，ある因子の固有値の値が c であった，ということは，項目 c 個分の情報をもっている，と考えることができるのではないでしょうか。

　そうであれば，もしある固有値の大きさが 1.0 を下回っているとしたら，それは項目 1 つ分の情報すらもっていないことになります。そんな因子を「共通因子」として採用するぐらいなら，因子分析などせずに，1 つひとつの項目を吟味したほうがていねいだということになります。このことから，共通因子として必要なのは，せめて項目 1 つ分以上の情報量だろう，つまり固有値 1.0 以上の因子を共通因子とする，という基準が出てくるわけです。

　数値例で見てみましょう。冒頭にあげたデータの固有値は，表 5.3 の通りです。これを見ると，第 1 因子（第 1 固有値）は 2.387，第 2 因子は 1.322 ですが，第 3 因子以降は 1.0 を下回っていることがわかります。ここでの基準に従えば，共通因子が 2 つ，独自因子が 3 つ得られたと判断するのが適切だ，ということになります。独自因子はその中身を解釈しませんので，足し合わせて 1 つのものと考えます。

表 5.3　データから得られた固有値

	固有値	寄与率	累積寄与率
1	2.387	69.981	69.981
2	1.322	21.455	91.437
3	0.716	6.301	97.737
4	0.385	1.822	99.559
5	0.189	0.441	100.000

■基準2　スクリープロットを見て視覚的に判断する　表5.3の固有値を折れ線グラフにして表したのが，図5.3です。このグラフのことを特にスクリープロット（scree plot）といいます[*10]。

　この折れ線グラフを見ていると，全体的になだらかな減少をしているようですが，第3因子と第4因子，第4因子と第5因子の間は，第1因子と第2因子の違いと比べるとそれほど差がありません。意味的に大差ない，と考えることもできます。このことから，スクリープロットを見て，大きなギャップがあるところで（固有値が大きく変わったところで）カットする，というのが1つの基準として考えられています。この基準からも，この相関行列は2因子構造であるとするのがよいでしょう。

　グラフの形を見て選ぶ，というのは非常に主観的に思えるかもしれません（実際そうです）。そこで，選ぶための審美眼を養うために，スクリープロットの現れ方について少しまとめてみます。

　実際には，例のように常に1つのギャップ・ポイントが見つかるというわけではありません。スクリープロットの可能性として，図5.4のような様々なパターンが考えられます。

　理論的なパターンから6種類用意しましたが，実際場面では，A, E, F型になることはほとんどありません。悪いデータであればC，ついでD，最も美しい形はB型です。

　最初のA型は代数的従属（algebraically dependent）とよばれ，N個の変数があるのにN個の固有値が出てこなかった，という例です。これは，N個ある変数

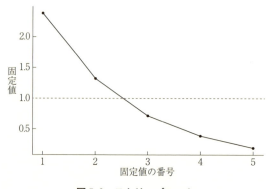

図5.3　スクリープロット

[*10] スクリー「ン」プロットではありません。スクリープロット，であることに注意です。

の中で完全に相関する，あるいは完全に近いほど高い相関をする変数のペアが1つ以上あった場合にみられる形です。N個の変数を取っているのに，説明に必要な因子（次元）がN個に満たないとき，あるいは負の固有値が算出されるときに，このような結果になります。これは悪い例であり，因子分析にかける以前の問題がどこかに生じていると考えたほうがよいでしょう。

次のB（break）型はギャップ・ポイントでブレイクすることができるので，共通因子が見つかるよい例です。

C型は固有値が連続的（continuous）で，切れ目がないため，スクリープロットから共通因子を切り分けることができません。こういうときは他の基準をもとに因子数を決めなければなりませんが，そもそもあまりよい因子分析結果であるとはいえないのがこの例です。調査を実施した段階で，データ，調査票，回答者，などどこかに問題が生じている可能性がありますので，注意深く分析しなければなりません。

D型は2つのギャップ・ポイントが見つかってしまう例です（double break）。これはどこで区切るか，非常に迷うところであり，他の基準と合わせて判断する必要があります。

E（error）型やF（flat）型は，社会調査の場面ではほとんどありえない例です。まったく相関がないと仮定した多変量から多次元正規乱数を生成し，その相関行列を固有値分解すると，E型のような結果になります。F型は，すべてが同

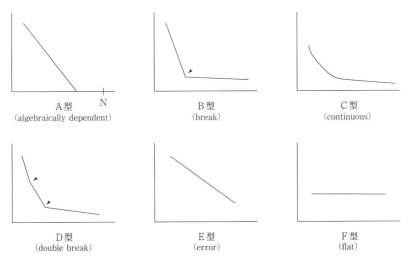

図5.4 様々なスクリープロット

程度の相関を表すときなどにこのような形になります。いずれにせよこれらの形は，人為的に作ろうと思わないと作れないものです。現実的な調査データ，何らかの意味や意図が背後にあるデータからは出てくるパターンではない，と思っていただければ結構です。

■**基準３　累積寄与率が50%を超えるところまで**　前章でも説明しましたが，固有値を比率の形で表したものが，寄与率とよばれます。表5.3にあるように，第1因子は全体の51%を説明しています。第2因子は32%で，第1と第2を合わせると83%を説明していることになります。

　このように，順に足し合わせた寄与率を累積寄与率といいますが，この累積寄与率が全体の半分を超えるところまでを共通因子とし，それ以外を独自因子と考えるというのがこの基準です。この基準を採用すると，このデータは1因子構造ということになります。

　どうしてこのような判断基準が考えられたのでしょうか？　では逆に考えて，例えば累積寄与率が30%ぐらいのところで共通因子と決め，残りを独自因子としたとします。これは，共通因子で説明できない，独自の説明率が全体の70%もあることになります。これは誤差といってしまうにはあまりにも大きいのではないでしょうか。因子分析の目的が，いくらデータを要約することにあったとしても，要約した結果が全体を反映した要約ではなく，一部の情報を抜き取っただけ，というのでは困るからです。

　そこで，せめて全体の情報の半分は使っていなければならない，という観点から設けられたのがこの基準ということになります。

■**基準４　解釈可能性を考えて**　実際に因子分析を行ったとき，最も苦慮するのは，上の1～3の基準でいくといくつかのパターンが考えられる，という場合です。例えば，固有値が1.0以上のところにブレイク・ポイントが2か所あり，どちらで切っても累積寄与率は十分なんだけど……という場合などがそうです。今回の例でも，第1，第2の基準では2因子構造ですが，第3の基準では1因子構造になります。どちらがよいのでしょうか？

　こういうときは，その後の因子負荷量などを見ながら，あるいはこれまでの理論的・経験的背景に照らし合わせながら，何因子構造にするのがよいのか総合的に判断することが必要です。つまり，客観的に明確な基準よりも，実用的な評価で因子数を決定する場合もありえるということです。

より客観的な基準へ

さて，ここまでの方法は，スクリープロットを「見て」決めるとか，解釈の「可能性を考えて」決める，という分析者の主観的判断によるところが大きいものでした。できれば誰がどう見ても，因子構造がしっかり決められるような客観的な基準が欲しいところです。

そこで，ここではより客観的な，2つの因子数決定方法を紹介しましょう。

■ **MAP あるいは VSS の基準**　因子数を決めるための基準として，固有値や寄与率の情報によるものではなく，より統計的な観点による基準が考え出されています。それが MAP 基準や VSS 基準とよばれるものです。

MAP 基準（Minimum Average Partial: 最小偏相関平均）とは，因子によって説明できない部分（相関行列の残差の平均）が最小になるように，因子数を決めようという方法です。VSS 基準（Very Simple Structure：より単純な構造）は，元の相関行列に対して得られる因子負荷行列が単純であるように，すなわち寄与する項目の負荷量は 1 近く，寄与しない項目の負荷量は 0 近くになるような単純なものを構成するために，必要な因子数を決めようという方法です。

この他にも，統計的な適合度指標から因子数を決めるとか，元の相関行列から，因子を取り除いた残差行列に対して χ^2 検定結果が有意でなくなるまでを共通因子とするとか，n 個の因子と $n+1$ 個の因子を取り除いたときの残差行列の差が，統計的に有意でなくなるまでを共通因子とするといった基準なども考えられています。

統計ソフト R では，次の方法で MAP や VSS の値およびその基準による因子数を提案してくれます。

```
VSS(data)
```

このコードを実行すると，次のような結果が表示されます（一部のみ表示）[11]。

```
Very Simple Structure
Call: vss(x＝x, n＝n, rotate＝rotate, diagonal＝diagonal, fm＝fm,
    n.obs＝n.obs, plot＝plot, title＝title, use＝use, cor＝cor)
```

＊11　この実行結果は R の psych パッケージに含まれるサンプルデータ，bfi を用いたものです。

88　第Ⅱ部　言葉で理解する

```
VSS complexity 1 achieves a maximimum of 0.58 with 4 factors
VSS complexity 2 achieves a maximimum of 0.74 with 5 factors

The Velicer MAP achieves a minimum of 0.01 with 5 factors
BIC achieves a minimum of -513.09 with 8 factors
Sample Size adjusted BIC achieves a minimum of -106.39 with 8
factors
```

　VSS（complexity1）の基準[*12]では4因子が，MAP基準では5因子が，BICという統計的基準では8因子が提案されていることがわかります。
　このように異なる基準で異なる因子数が提案されることも少なくありませんが，いずれにせよ分析の結果をレポートにするとき，「因子数は〜の基準で3つとした」といった根拠を示しつつ決定することができるという意味では有用です。

■**平行分析による因子数の決定**　これは元のデータと同じサンプルサイズ，変数の数からなる行列にまったくの乱数を入れ，スクリープロットを描く方法です。まったくの乱数で考えていますから，何らかの反応パターン，構造が出てくるはずがありません。当然ながら，スクリープロットの可能なパターン例，図5.4の（E）のようなものが描画されることになります。しかし，実際のデータはこれとは違うプロットになります。なぜなら，回答者は何らかの構えをもって項目に向かったのであり（適当に答えたわけではない），パターンを生み出しているからです（乱数はパターンのない数字ということです）。そこでこの「乱数からのスクリープロット」と「実データのスクリープロット」を重ね，乱数からの固有値よりも大きな固有値が得られているものは「意味がある」と考えて採択する，という方法が，この平行分析による因子数の決め方なのです。
　統計ソフトRでは，次の方法で平行分析が実行され，図5.5のようなプロットが得られます[*13]。

```
fa.parallel(data)
```

---

*12　もう1つcomplexity2の結果も表示されていますが，このcomplexityとは複雑さの程度をどこまで認めるかということです。complexity1では最大因子負荷量をもつ項目を除外したその他の因子負荷量のVSSを，complexity2では因子負荷量の大きな2つの項目を除外した残りの負荷行列のVSSを，というように考えたものです。内部的にはcomplexity8まで計算されています。
*13　この実行結果も，Rのpsychパッケージに含まれるサンプルデータ，bfiを用いたものです。図はプロットをわかりやすく少し加工しています。

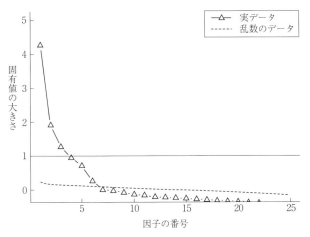

図 5.5 平行分析

図 5.5 を見ると，最初の 6 個の固有値（因子）は乱数による無意味なデータよりも大きく，それ以降は小さくなっているため，因子数を 6 にするということになります。この方法は，ガットマン基準やスクリープロットを「見る」という基準に客観性をもたせたものとして利用できます。

いずれにせよ，因子分析を行うときは「機械が勝手に因子数を決めました」というわけにはいかないのです。自分がどのような基準に依拠して因子数を決定しているのか，しっかり理解するように心がける必要があります。

解釈と命名

因子の数が決まると，それに基づいて因子負荷量を計算することになります。表 5.2 のデータでは，固有値 1.0 基準やスクリープロットから判断して，2 因子構造が妥当であると考え，因子負荷量を算出します。実は，R のコードの中で，nfactors = 2 というオプションが入っていましたが，これは因子数を 2 にして分析せよという設定をすでに行っていたのです。さて，結果として示される因子負荷量の表は，表 5.4 のようになります。

因子負荷量は，因子と項目がどれくらい関係するかを表している数字なのでした。あるいは，項目が因子からどれほど影響力を受けているかを表している，といってもよいでしょう。表中の変数は第 1 因子の大きさの順に並べ替えてあります。これを見ると，国語，社会，英語は第 1 因子から強く影響を受けており，算数と理科は第 2 因子から強く影響を受けていることがわかります。

90　第Ⅱ部　言葉で理解する

表 5.4　因子負荷量の表

変数	第 1 因子	第 2 因子
国語	0.947	−0.156
算数	−0.303	0.785
理科	0.137	0.537
社会	0.755	−0.098
英語	0.540	0.178

　こういった特徴から，第 1 因子はいったい何を表しているのか？と考えるのが次のステップです。国語，社会，英語の背後には，共通の要因が 1 つ潜んでいるようです。また，算数と理科の背後にも 1 つの共通要因が潜んでいるみたいですね。この結果から，第 1 因子は読み書きに関する能力で，第 2 因子はソロバン，計算に関する能力じゃないかと類推できたとしましょう。そこで，第 1 因子に「読解力因子」，第 2 因子に「計算力因子」と命名し，以下の考察につなげよう，ということになります。こうして，5 教科で測定できるのは，読解力と計算力の 2 つだ，といった要約ができたことになります。

　因子の名前をどうするかは，因子数の基準と同じく，分析者の主観的判断にかかっています。名前をつけて，以後その名前でもって議論を進めることを考えれば，どのような名前であれ，わかりやすいものである必要があるでしょう。また，名前がついてしまうと今後は思考がその名前に引っ張られていきがちです。例えば，読解力があれば○○だろうとか，計算力があれば○○だろう，という話になっていきがちですが，あくまでもそれらの潜在変数は，国語と社会と英語の点数，算数と理科の点数から考えられたものである，ということを忘れてはいけません。

　潜在的な変数を見つけ出すことはできるのですが，そもそもそういう質問群を与えていたからそうなった，というだけかもしれないのです。例えば「学校は楽しくないですか」「学校は面白くないですか」「学校に行くのが嫌だと思ったことがありますか」，といった項目に 5 段階で当てはまるかどうかを答えさせたとします。回答する児童生徒たちが，楽しい，面白い，嫌じゃないと思っていたとしても，項目どうしは高く相関しますから，これらの項目は因子としてまとまるでしょう。そこでこの因子を「学校嫌い因子」と命名する，というのは何かおかしなことだと思いませんか？　問題意識をもって調査研究するのはもちろんよいことなのですが，質問項目を作成するときは多角的な問いかけで様々な側面を取り上げ，一面だけを取り上げないようにすることが重要です。

　賢明な読者はここまでの流れでお気づきのように，因子分析のプロセスはたぶ

んに分析者の主観的な要素が含まれています。特に探索的因子分析の場合は，潜在変数が抽出される，という言葉が与える印象とは逆の意味，つまり客観的で中立な真実だけを取り出している，とは言い切れないところがあります。なるべく手続きは客観的に，根拠をしっかり説明できるようにしておかないと，「てっちゃんの手品」[14] になってしまいます。

　因子に名前をつけるのはあくまでも便宜的なものですが，同時に調査から得られる意味に関わる重要なポイントになりますから，慎重に慎重を重ねて進める必要があります。

　ともあれ，これで因子分析の基本的な分析ステップ，因子数の決定と解釈・命名ができたことになります。次の章はより実践的な「オプション」の設定について説明します。

5.4　因子分析の詳細な設定

　ここまでの章で，因子分析の基本的な考え方や，分析の主な流れがつかめたのではないでしょうか。しかし実際に活用するためには，分析者が主体的に選択するべき重要なオプションがあります。それが「共通性の推定方法」であり，「因子軸の回転方法」です。この章ではこの2つについて解説します。

5.4.1　共通性の推定方法

　因子分析は相関行列を数学的に分解して，共通因子と独自因子に分類する，というのが本質的なメカニズムです（数理的な解説は第Ⅲ部で行います）。しかし，厳密にいえば少し違うところがあります。

　相関行列は対角項に 1.0 が入る行列です。各変数が自分自身とどの程度相関するか，ということなので，100%同調するのは当然だからです。しかし，因子分析のモデルではそうはなりません。どういうことでしょうか。

　回答者が項目に回答するような，実際の場面を想定してみましょう。よくよく考えると，1つの変数，1つの調査項目が，回答者の反応のすべてを表している，というのも不自然な気がしないでしょうか。ある回答者が，自分の意見について

---

*14　てっちゃんとは，筆者の長男の名前です。彼が幼稚園児の頃に，ぬいぐるみと箱を持ってきて，「おとうさん見ててね，手品だよ。ぬいぐるみをここに入れるとね……ジャーン！ぬいぐるみでしたー！」という手品を披露してくれました。筆者はこれを見て，心理学者がやっている探索的因子分析とは，結局このようなものではないかと，深く胸を打たれたのです。当然そんなことは表情に出さず，満面の笑みで息子を褒めましたが，このことを「てっちゃんの手品」という標語で広めていこうと思っています。

92　第Ⅱ部　言葉で理解する

何段階かの反応を求められて，完全に迷いなく回答するとか，まったく誤ること
なく評定できるというよりは，データ収集の際に何らかの誤差が入り込んでしま
うという可能性を考えるほうが，むしろ自然な考え方ではないでしょうか。

　そこで因子分析では，反応に誤差が入り込んでしまうことを仮定します。ここ
でいう誤差とは，共通因子で測れない部分＝独自性のことだと理解してくださ
い[*15]。このように仮定することは，ある項目が自分自身と必ずしも100%同調し
ない，つまり相関が1.0ではないと考えることでもあります。因子分析において，
相関係数は真の値 t と誤差 e から合成されたもの（$t + e = 1.0$）であると考えて
いるのです。この真の値，つまり項目に反応する潜在的な性質は，他の項目にも
影響するでしょうし，すべての共通因子によるものです。すなわち，共通性 h_j^2
のことだと考えられます。

　実際に因子分析で因子負荷を求める計算は，相関行列 $\boldsymbol{R}$ ではなく，その対角
項に1.0ではなく共通性 h_j^2 を入れた擬似的な相関行列，$\boldsymbol{R}$† を分解することにな
ります。つまり，

$$
\boldsymbol{R}^\dagger = \begin{pmatrix} h_1^2 & r_{12} & \cdots & r_{1n} \\ r_{21} & h_2^2 & \cdots & r_{2n} \\ \vdots & \vdots & \ddots & \vdots \\ r_{n1} & r_{n2} & \cdots & h_n^2 \end{pmatrix}
\qquad [5.1]
$$

とした行列 $\boldsymbol{R}$† を，完全に説明する因子負荷行列に分解していきます[*16]。

　ここで問題は，分析の最初は h_j^2 の大きさ，言い換えれば $e_j^2 = 1 - h_j^2$ となる
誤差の大きさが，事前にわかっているわけではないということです。共通性の推
定問題とは，計算に際して知っておくべき未知の h_j^2 を，どのように推定して求
めるのか，という問題です。

　その解決案は次にあげるように，いくつか考えられています。因子分析を実際
に行うときは，どの方法で共通性を推定したか，ということを理解し，オプショ
ンとして選択しなければなりません。

■**主成分解**　共通性は求めず，1.0を対角項に入れたまま分析します。

＊15　厳密には，独自性の中身を特殊性と誤差に分けて考えます。独自性を d_j^2 とすると，$d_j^2 = u_j^2 + e_{ij}^2$ と表し
　　ます。しかし，実質的には独自性の右辺のように分解して考えることは少ないため，本書では独自性≒誤
　　差と考えて，同じもののように記述します。
＊16　数式的な展開は後の章に譲りますが，因子負荷行列を $\boldsymbol{A}$ と表すと，$\boldsymbol{R}$† $= \boldsymbol{A}\boldsymbol{A}'$ となるような $\boldsymbol{A}$ を算出す
　　ることになります。この式の読み方などは，第8章を参照してください。

■**相関係数の最大値を用いる方法**　対角項にその行（列）の相関係数の最大値を用いる方法です。ある変数が他の変数と最大限相関する程度に，自分自身とは相関しているだろうと考えることからきています。

■**重相関係数の平方を求める方法**（Squared Multiple Correlation: SMC）　共通性を求めたい変数 j 以外の $n-1$ 個の変数から，変数 j を重回帰分析するとします。他の変数から当該変数を予測させるのです。そのときの推定値と実際の j との相関（重相関）係数の二乗を共通性として用いる方法です。回帰分析のときに説明しましたが，重相関は被説明変数と予測値との分散を共有する程度ですので，これも他の変数と共有する程度には，自分自身と相関しているだろうと考えることからきています。

■**重み付けのない最小二乗法**（unweighted least square：uls 法）　実際の相関行列 $\boldsymbol{R}$ と，推定値に基づくモデル上の相関行列 $\boldsymbol{S}$ とが，なるべく近づくように共通性を推定していく方法です。理論的には，主因子法と同じことになります。

■**一般化された最小二乗法**（generalized least square：gls 法）　重みづけのない最小二乗法と考え方は同じですが，変数の独自性に応じて重みづけを変えるという調整がなされます。その結果，独自性が大きい変数を含む相関は，より小さく見積もられるようになります。

■ **minres 法**（minimum residual 法）　重みづけのない最小二乗法と同じですが，計算プロセスは異なるアプローチを取ります。この方法は共通因子で説明できない残り，すなわち残差をなるべく少なくすることを目的とするのです。この方法で分析すると，最尤法がうまく推定しないようなときでも，うまく答えを出すことができるという利点があります。

■**最尤法**　データを構成するサンプルを，母集団からの標本（確率変数）としてとらえ，標本値に対する尤度を最大とするような母数の値を推定する（その標本値が最も出てきやすい（もっともらしい）として因子分析モデルを当てはめる）方法です。サンプルサイズが小さかったり，データが正規分布から大きく外れていたりすると，因子負荷量が 1.0 を超えるような数学的におかしな答えを出すことがあります[*17]ので，そのような場合は他の推定方法に変えたほうがよいでし

94 第Ⅱ部 言葉で理解する

ょう。

■イメージ法 これは非常にユニークかつテクニカルな方法で，計算プロセスにおいて，共通性の推定を避けたまま，因子負荷行列を算出しようとするものです。詳しくは芝（1979）を参照してください。

■カノニカル（正準）因子分析法 これも非常にテクニカルな方法です。各共通因子 A に重みをつけた合成変量 $f = Av$ と，元のデータ行列 B に重みをつけた合成変数 $g = Bw$ の相関が最大になるように重み v，w を決定し，共通性の推定に用いるというものです。

■アルファ法 この方法は，各共通因子に重みをつけ，その α 係数（尺度の信頼性を求める α 係数と同じもの）が最大になるように重みを決定し，共通性の推定に用いるというものです。

　これらの推定方法は，統計パッケージに分析させるとき，オプションとして選択するものです。R では特に指定がなければ「minres 法」が用いられます[*18]。

　コンピュータがまだ未熟だった頃は，因子分析を手計算でやっていくために，主因子法の近似解とされていたセントロイド法が使われていました[*19]。次に，コンピュータによる統計分析が始まった頃に，主因子法が用いられるようになりました。比較的計算がしやすかったからです。今ではコンピュータの能力が格段に伸びたため，minres 法や最尤法が主流となっています。minres 法による推定はもともとのデータと理論値との両方に基盤をもっているし，最尤法は統計的基盤を有しているため，よい方法とされているのです。

　とはいえ，上記のいずれの方法を用いても，データ数が一定量あれば，因子構造が大きく変わることはありません。あくまでもオプションとして選ぶ程度で，結果を左右するほどのものではないので安心してください。とはいえ分析者の判断によるものですから，因子分析についてのレポートを書くときには，どのような方法で共通性の推定を行ったのかを報告する必要があるでしょう。

---

* 17 Heywood ケースといいます。
* 18 SPSS で因子分析をするときの最大の問題は，この推定方法を選ぶ欄に「主成分分析」と書いてあることです。10.2.1 で述べるように，因子分析と主成分分析は似て非なるものなのですが，初学者は「因子分析で主成分分析をした」という意味のわからない表現をしてしまうことがあります。正しくは「因子分析の主成分解を求めた」，というべきなのです。ともあれ，因子分析のデフォルトが，共通性を求めない方法になっているのはあまり美しくありません。
* 19 因子寄与を因子負荷量の平方和ではなく，因子負荷量の絶対値の和として求める方法です。

5.4.2 因子軸の回転法

回転の目的

次に考えるべき選択肢は，因子軸の回転方法です．回転，というのは何が回るのかな，と不思議に思ったかもしれません．また，何のためにそんなことをするの？と思う人もいるかもしれません．

2つ目の疑問に答えるのは簡単です．そのほうが解釈がしやすくなるからです．因子分析が終わった後は，解釈・命名をする必要がありますが，それをやりやすくするために因子の軸を回転させます．

因子の軸とはいったい何か，という疑問がすぐに湧いてくるでしょう．簡単な例として，2因子のモデルを考えたとします．分析結果として，複数の項目に2列からなる因子負荷行列が与えられることになります．ここで，この2つの因子負荷量を座標に見立てて，図にしてみることを考えます．

幾何学的に表現してみると，因子が直交する場合であれば，図5.6のように表すことができるでしょう．

図5.6は横軸が第1因子，縦軸が第2因子になっています．ある項目 j はそれぞれ a_{j1}, a_{j2} という因子負荷量をもっていますから，それを座標と見立ててプロットしています．原点からの矢印で表されるのは，変数を表すベクトルということになります．

ところで，元のデータはこの変数を表すベクトルのセットです．このとき複数の変数ベクトルが，原点は同じですが，あっちこっちに向いて伸びているのが元のデータ空間ということになります．因子分析はこのデータ空間に因子という座

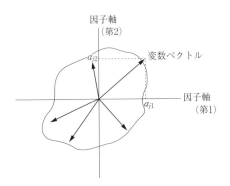

図 5.6 因子軸のベクトル表現

5次元変数空間に対して2本の共通因子軸で要約する

標軸を設定することでもあるのです。

このように考えた場合，原点と変数ベクトルは所与のものですが，どのように軸を張るかは自由なはずです。言い換えれば，因子の次元は原点を中心として，自由にグルグル回転させてよいことになります。因子分析の結果出てくるとりあえずの因子負荷量を参考にしたうえで，解釈をしやすくすることを考えて，因子軸の回転が行われるのです。

例えば回転前の最初の状態が，図5.7のようになっていたとしましょう。プロットされている点はそれぞれの変数ベクトルの位置だと思ってください。この場合は，第1因子，第2因子のどちらにもある程度の大きさの負荷量がありますから，ある項目がどちらの因子に関わりが深いか，という判断は難しいと言わざるをえません。

しかし，因子の軸を（原点を中心に）ぐるりと回転させた図5.8のように，してみてはどうでしょうか。こうすると，右上にあった変数は第1因子と関わりが深く，右下にあった項目は第2因子と関わりが深いものである，とはっきり判断することができます。

このように，軸を回転させても，元の変数空間は変わったわけではありません。因子分析は，要約のために因子（軸）を見いだすことだったのですから，わかりやすいに越したことはないということで，回転を行うのです。

斜交モデルと因子構造・因子パターン

因子の回転方法には，大きく分けて直交回転と斜交回転とがあります。直交回転は図5.8のように，因子間の相関がない＝直角に交わっていることを前提とした回転です。斜交回転は因子間相関を想定した方法で，軸が必ずしも直角に交わ

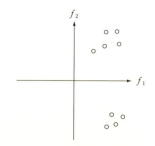

図5.7 第1，第2軸のどちらにも適度に負荷しているので，両者の区別が難しい

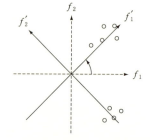

図5.8 回転することで，どの軸に何が乗っているかがわかりやすい

っていなくてもよい，と考える方法です（図5.9参照）。当然のことながら制約の少ない斜交回転のほうが，よりよく当てはめることができる，つまり解釈しやすい方法ということになります。

ところで，斜交モデルは因子軸の直交を仮定しないのですから，その座標の解釈に注意が必要です。例えば2因子構造を考えた場合，座標の読み取り方は図5.10のように，2種類考えられるからです。

軸によって表される座標は，変数ベクトルの因子負荷量を表しているのでした。斜交回転の場合，因子負荷量である a_{j1} や a_{j2} は，各座標軸への水平射影ではなく平行射影によって表されている点ということになります。

一方で，各座標軸に対し垂直におろした座標 (s_{j1} や s_{j2}) も何らかの形で変数 j と共通因子の関係を表しているといえます。斜交モデルの因子分析では，平行射影 (a_{j1} や a_{j2}) を特に**因子パターン**といい，後者 (s_{j1} や s_{j2}) を特に**因子構造**とよんで区別する必要があります。直交モデルでは，因子パターンと因子構造が同じであるため区別の必要がなかっただけなのです。

斜交モデルでは，解釈に際してより理解しやすいという見地から，因子パターンを見て，因子を解釈することが多いでしょう。ただし，因子が負の相関をするときは，因子構造で見るほうがよいとされています。

様々な回転基準

直交であれ斜交であれ，因子軸を回転するときには何らかの基準が必要です。言い換えれば，回転法の違いは，何を強調するかという基準の違いなのです。以下にいくつかの回転方法を説明しますが，いずれも何らかの意味で「単純な，わかりやすい」形にしようとしている，ということを忘れないでください。あくま

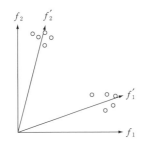

図5.9 斜交しているほうがよりうまく当てはめることができる

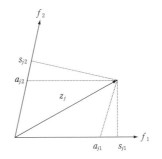

図5.10 因子パターンと因子構造

98　第Ⅱ部　言葉で理解する

でもユーザーが利用しやすい回転方法を使えばよいのであって，どの方法が優れているとか正しいとかいったものではないということです。

■バリマックス回転（直交）　バリマックス基準として，因子負荷の平方の分散を用いるものです。バリマックス法では，すべての因子について同時にこの分散を最大とする解を求めるのが特徴です。分散（variance）を最大（max）にするということは，特徴をより際立たせるということでもあります。バリマックス回転は，得られた因子負荷行列に対して直接バリマックス基準を満たす解を求めるロー・バリマックス回転よりも，各因子負荷行列をその共通性で割ることで規準化する，規準化バリマックス回転が一般的です。

■クォーティマックス回転（直交）　因子負荷行列の各要素を二乗した行列 V に対して，その成分の総平均からの偏差の平方和を最大とする基準による回転を，クォーティマックス回転といいます。簡単にいえば，因子負荷量の分散の分散を最大にするように回転することになります。このようにすることで，絶対値の大きな因子負荷と，0 に近い因子負荷が多くなるように回転することができ，単純でわかりやすい形を得ようとします。

■直接オブリミン回転（斜交）　因子パターン行列 $\boldsymbol{B} = (b_{jp})$ に対して，異なる列間の共分散の和を最小にする基準のことを，直接オブリミン基準といいます。数学的には，

$$K = \sum_{p \neq q}^{m} \left\{ \sum_{j=1}^{n} b_{jp}^2 b_{jq}^2 - \frac{r}{n} \left(\sum_{j=1}^{n} b_{jp}^2 \right) \left(\sum_{j=1}^{n} b_{jq}^2 \right) \right\} \qquad [5.2]$$

で表される K を最小化することを意味しています。

■プロマックス回転（斜交）　プロマックス回転は，与えられた仮説的因子構造（もしくは仮説的因子パターン）にできるだけ近似するように斜交回転を行う方法の一種といえます。プロマックス法は，その仮説的因子構造として，いったんバリマックス回転して求めた単純因子構造を，さらに強調する形で用いる手法です。

■ジオミン回転（直交・斜交）　因子負荷行列の各行について，どこかに 0 に近い数字が入るように回転する方法です。因子に寄与しない項目の負荷量を小さくするように回転するといってもよいでしょう。具体的には，因子負荷行列の各行にお

ける因子負荷量（を二乗したもの）を掛け合わせたものを，すべての列について
総和したものを最小化する，という方法になります。直交・斜交どちらのモデル
もあります[20]。

■シンプリマックス回転（斜交）（Kiers, 1994）　単純さ（simplicity）が最大（max）
になるように回転しよう，という方法です。ここでいう単純さとは，因子負荷行
列の中のいくつかの要素が 0 であるという基準で，この目的に沿うように回転さ
せることになります。

■独立クラスター回転（斜交）（Kiers & Ten Berge, 1994）　HARRIS-KAISER の回
転法ともよばれます。回転前の因子負荷行列を基準化し，それをバリマックス回
転など直交回転で単純化したうえで，基準化前の大きさに戻すと，結果的に因子
間相関が出るので，分類上は斜交回転になるというものです。この手法はいわば，
表面の奥にある構造を単純化しようとするものであるといえるでしょう。

5.5　因子分析の実際の流れ

　さてこのように，因子の抽出方法や因子軸の回転について，非常に様々な方法
が提案されてはいるのですが，これらの方法をすべて覚えておかなければならな
いというものではありません。なぜ共通性の推定が必要か，なぜ回転が必要か，
主たる推定方法，回転方法は何か，という要所だけおさえておけば十分です。自
分が必要だと思う手法を選択できること，オプションとして選択しなければなら
ないこと，と理解しておきましょう。

　これらをふまえて，実際に因子分析をするときの流れを，だいたいの数値的目
安とともに見直してみることにしましょう。

Step 1. データの準備と因子数の決定　まずはデータを準備します。一般的な目安と
して，項目の数の 5 倍から 10 倍のサンプルサイズが必要だとされています。10
項目の因子分析だと 100 名，20 項目だと 100 ～ 200 名分のデータセットが必要
だと思っておいてください。

　データが得られれば，分析の方針である因子数を決定します。探索的因子分析

---

[20] R の GPArotation パッケージに含まれる回転関数として，直交モデルが geominT，斜交モデルが geominQ
です。

100　第Ⅱ部　言葉で理解する

の場合は，MAP や VSS の基準，並行分析などを参考に，因子数を決定しましょう。

Step 2.　因子分析の実行：推定方法の指定　因子数が決まれば，因子分析を実行できますが，推定方法の指定もデフォルトに任せず自覚的に行いましょう。推定方法を選ぶ目安として，探索的因子分析の場合は，minres 法，確認的因子分析の場合は最尤法を選択するとよいでしょう。ただし最尤法を選ぶ場合は，個体（サンプル）が 200 以上あったほうがよいとされています。データが少ない場合は，minres 法や最小二乗法系のものがよいでしょう。

Step 3.　共通性のチェック　分析結果が得られたら，まず項目の共通性をチェックしましょう。共通性が 0.3 よりも低いような項目は，因子分析から除外したほうがよいかもしれません。また，最尤法を使うと共通性が 1.0 を越えてしまう場合もありますが，このようなときは最尤法が適切ではないので，minres 法などに変更するほうがよいでしょう[*21]。

Step 4.　因子間相関のチェックと回転法の選択　因子分析にかける項目を選別したのであれば，改めて因子数を確かめたり，共通性をチェックしたりする必要があります。この項目セット，因子数で決まりということになれば，解釈に進むために回転法を考える必要があります。

　回転方法は，まず斜交回転を選びます。geomin 回転の斜交版やプロマックス回転などがよいでしょう。斜交回転を選んで分析すると，結果として因子間相関が算出されます。因子間相関それぞれが，なべて 0.3 よりも小さい場合は，回転オプションを直交回転にして（geomin 回転の直交版やバリマックス回転などがよいでしょう）再度分析を実行します[*22]。

　得られた結果として，回転後の因子負荷行列（斜交回転の場合はパターン行列）を見て，解釈や命名を行います。

Step 5.　因子構造がわかった後は　同一の因子に寄与している項目を用いて，因子

＊ 21　共通性 0.3 未満であれば因子分析に不向きなので，分析対象から除外する，というのはあくまでも経験に基づいた目安であって，数学的に確たる根拠があるわけではありません。探索的因子分析の際に，数学的根拠に基づいて（因子分析モデルとデータとの当てはまりなどから），除外する項目を決定する方法もあります（Kano & Harada, 2000）

＊ 22　相関係数 0.3 未満であれば相関がないとみなす，というのも 1 つの目安でしかありません。

得点を算出します。算出方法は2種類あります。

簡便的因子得点とよばれる算出方法は，因子に高く負荷した項目に対する回答者の素点を平均するものです。この方法は計算が簡単ですぐにでも実行できますが，因子分析によって各項目の分散を共通成分と誤差に分割したのに，その誤差をもう一度取り込んでしまうことになってしまいます。とはいえ，回答者の反応を直接反映しているので，実態のある数字であるともいえます。

分析の際に数学的な推定方法を使って，因子構造から因子得点を逆算するように算出することもできます。統計ソフトウェアのオプションとして「因子得点を推定する」と指定すれば算出されるのがほとんどです。しかし，これはあくまでも推定値であって，回答者の反応を測定したものではないため，以後の検定などの対象にしてはいけないという批判もあります。また，推定結果は標準化された得点として算出されるので，絶対的な差異を検証できないという弱点もあります。とはいえ，簡便的因子分析のように，取り除いた誤差をもう一度含んでしまうようなことはないので，より精度の高い推定になっているともいえます。

以上が因子分析を使った分析プロセスのおおまかな流れになります。

すでに述べたように，統計パッケージソフトは1回の分析で，因子負荷量の算出までを一度にやってしまうものがほとんどです。とはいえ，因子分析全体のプロセスが1回の分析で終わるようなことはありません。まずは項目の選別，因子数の決定をしなければならず，その後どのような回転をするか決めて再度分析を行うことになります。もちろん最初に選んだ方法がすべてうまく当てはまり，新たにオプションや項目を選び直す必要がない可能性もありますが，実際はそのようなことはめったになく，慎重に行うべきです。ありがたいことに，最近のコンピュータは数秒で答えをはじき出してくれるので，慎重かつ大胆に分析を進めていくことができるでしょう。

引用文献

Kano, Y., & Harada, A. (2000). Step wise variable selection in factor analysis. *Psychometrika*, **65**(1), 7-22.

Kiers, H. A. L. (1994). Simplimax: Oblique rotation to an optimal target with simple structure. *Psychometrika*, **59**(4), 567-579.

Kiers, H. A. L., & Ten Berge, J. M. F. (1994). The Harris-Kaiser independent cluster rotation as a method for rotation to simple component weights. *Psychometrika*, **59**(1), 81-90.

芝　祐順（1979）．因子分析法（第2版）　東京大学出版

第III部

数式で理解する
―― 原理と性質 ――

第6章 回帰係数の算出

　回帰係数を求めるときはどのような計算が行われるのでしょうか。最小二乗法を例に，具体的な計算手続きをみていきましょう。

6.1 最小二乗法による回帰係数の算出

　回帰分析は説明変数の線型結合で，被説明変数に合うような予測値を算出するモデルでした。予測値 $\hat{Y}$ と，実際の被説明変数の値 Y との差分を，残差あるいは誤差と考えるという話でしたが，ここで誤差の総和を表す式 4.4 (p.52) を，もう1つ展開しておきましょう。

$$Q = \Sigma e_i^2 = \Sigma(Y_i - \hat{Y}_i)^2 = \Sigma(Y_i - (aX_i + b))^2 \qquad [6.1]$$

　さて，この誤差の総量 Q は，Y_i, a, X_i, b の4つの数からなる関数になっていますが，多変量データとして Y_i と X_i は既知の数字です。未知なる数字は a と b だけで，ここを求める（推定する）のが回帰分析の目的になります。中でも，誤差を最も小さくするように求める，つまり，変数 a と b からなる関数 $Q(a, b)$ の最小値を求めたいのです。そのためにはまず，「最小値を求めるための方法」を知っておかねばなりません。それは「微分」とよばれる，極値を求める方法です。

6.1.1 回帰分析のための数学的基礎：微分

　微分は，ここでは「最大値・最小値を求めるために」計算する方法だと思っていただければ結構です。できるだけ簡単に説明してみます。

微分の基礎

京都に住んでいる人が，神戸の大学まで，車で出掛けたとします。その道のりは約 70km です。時間にしてちょうど 1 時間のドライブだったとしましょう。この人はどれくらいの速さで車を走らせていたでしょうか？ これは簡単に，「時速 70km」という答えが出せると思います。

しかし，ちょっとよく考えてみてください。本当にこの人は町中を時速 70km で走ってきたのでしょうか？ それはずいぶんと危険な運転ではありませんか？

実際はもちろんそんなことはないわけで，実は高速道路を使って大学までやって来ていたのです。一般道路と高速道路では走るスピードがずいぶん違います。移動している場所に応じて，移動速度は変化しているのです。これをわかりやすくグラフにしたのが図 6.1 になります。

図 6.1 のグラフの横軸は移動時間，縦軸は移動距離です。左下から右上にかけて，太い線が折れ曲がって進んでいますが，これが実際の移動プロセスということになります。この傾きが急なところは，時間の割に距離が伸びたところですから，速度が速かったことになります。逆に，傾きが緩やかなところは時間の割に距離が伸びない，つまり速度が遅かったことになります。

そのように考えてみると，自宅から最寄りの高速 IC や，高速を下りてから大学に着くまでの間は，傾きが緩やか，つまりスピードが遅いことがわかります。1 時間で目的地まで着けたのは，高速道路をスイスイ走って来たところ（傾きが急なところ）があるからでしょう。

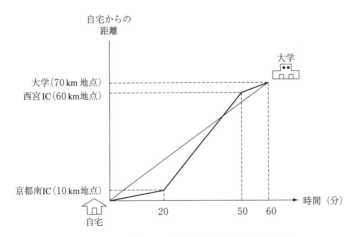

図 6.1　家から大学までの移動時間と移動距離のグラフ

106　第Ⅲ部　数式で理解する

　では最初に出てきた，時速70kmで来たというのはどういうことでしょうか。これはスピードに変化がなく，同じスピードでずっと走っていたと考えたことになりますから，図にすると原点とゴールを一直線に結んだ線になります。つまりこの人の運転は，「平均時速70kmで来た」というのが正しいことになります。

　実際はゆっくり走ったところ，スピードが出たところがあるわけです。このような折れ線関数の2点を選び出して計算すると，その区間の平均速度が算出できます。最初の20kmは平均時速30kmだったとか，20kmから50kmの区間は平均時速100kmだった，ということがわかります。もっと細かく見ていくと，最初の20kmから25kmの区間はどれぐらいの時速だったか，20kmから21kmの区間はどうだったか，とどんどん小さく見ていくことだって可能です。これが微分の考え方です。微分とは「微小な分割」の略ですから，選び出す2点間をできるだけ細かく分割しながら傾きを考えることなのです。

　少し数学的に，厳密な表現を用いてみましょう。関数 $f(x) = x^2$ において，x の値が0から2まで変化したとしましょう。$f(x)$ の値は0から4まで変化することになります。この関数はグラフで書くと曲線になりますが，この2点を直線で結ぶと，$g(x) = 2x$ で，傾き2の線が引かれることになります。

　さて，図6.2にある $f(x) = x^2$ のカーブが，前の例のような徐々にスピードを上げていく車だと思って見てみましょう。x の単位が分，y の単位が $10km/h$ とすると，$f(x) = x^2$ は2分で時速40kmに達する加速を表している，ということができます。これをいい換えると，毎分平均で時速20kmずつ加速していく車です。これは平均してそうだということであって，図にあるように前半の1分間と後半の1分間では加速度は違っています。「前半の1分間」とは，x が0から1の間のことですし，「後半の1分間」とは1から2の間のことです。関数 $f(x)$ に代入して考えると，前半は0から1になりますから，時速 $10km/h$ の増加ということになります。同じく，後半は1から4への変化，時速 $30km/h$ の増加ということになります。速度の増加分を加速度といいますが，このように変化を表す元の関数の範囲を区切って，平均的な傾きを求めることでその加速度が割り出せるのです。

　さらに一般的に表現して，関数 $y = f(x)$ において，x の値が a から b まで変化するときの平均変化率を m とすると，

$$m = \frac{f(b) - f(a)}{b - a} \tag{6.2}$$

と表すことができます。

　ここで，a と b の間隔が短ければ短いほど，より細かい変化率が見いだせるの

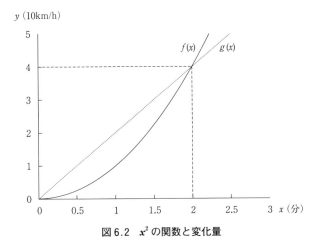

図 6.2 x^2 の関数と変化量

でした。a を 1.0 として，b が 1.1 のとき，1.01 のとき，1.001 のとき……とどんどん区切る区間を細かくしていくと，いったいどうなるでしょうか（表 6.1）。

このように，a と b の差が 0 に近づくと，平均変化率もある一定の値（=2）に近づくことがわかります。ある点 a に b を限りなく近づけると，m も 1 つの値に収束していくとき，この値 m を，関数 $f(x)$ の $x = a$ における微分係数，あるいは変化率といい，$f'(a)$ で表します。ここで a を b に限りなく近づける，といいましたが，これは数学で lim という記号を用いて $\lim_{a \to b}$ と表します。

微分は，この変化量を限りなく 0 に近づけるという操作ですから，変化量を h とおくと，

$$f'(x) = \lim_{h \to 0} \frac{f(x+h) - f(x)}{h} \qquad [6.3]$$

と表すことができます。このとき $f'(x)$ のことを，元の関数 $f(x)$ の導関数といいます。

この $f(x)$ から $f'(x)$ を求めることを微分する，といいます。元の関数を $y = f(x)$ とするとき，y' や dy/dx も導関数を表す記号として用いられます。導関数は，a と b の差を限りなく 0 に近づける方法で，点 a そのものでの変化量を表している，

表 6.1 平均変化率を細かく見ていくと

a	1	1	1	1	1	1	1
b	1.1	1.01	1.001	1.0001	1.00001	1.000001	1.0000001
平均変化率	2.1	2.01	2.001	2.0001	2.00001	2.000001	2.0000001

といえます。

　この微分の計算は，一般に $y = x^n$ ならば，$y' = nx^{n-1}$ である，という簡単な公式を用いて行うことができます。詳しくは高校数学のテキストなどを参照してもらえればと思いますが，操作として $y = x^3$ なら $y' = 3x^2$, $y = x^5 + 4x^3 + x$ なら $y' = 5x + (3 \times 4)x^2 + 1x^0 = 5x + 12x^2 + 1$ である，というように形式的に進めていってもかまいません。式 6.3 のようなことを考えなくても，形式的に係数を前に出して，累乗の数を 1 つ減らして……ということをくり返すだけで求められると思ってもらってかまいません。

極値と偏微分

■**極大，極小**　さて，$f(x) = 2x^3 + 3x^2 - 12x - 5$ のような複雑な関数があったとしましょう。図にすると図 6.3 のようになります。

　これの導関数 y' は，先ほどの形式的な操作を利用して，次のように書くことができます。

$$y' = 3 \times 2x^2 + 2 \times 3x - 12 \times 1x^0 = 6x^2 + 6x - 12$$

　この導関数を使うと，各点での変化量が算出できます。具体的な数値を表 6.2 に示します。

　表 6.2 と図 6.3 を見比べてみましょう。x が -3 や -2.5 のとき，傾きはプラスの数字です。確かに図 6.3 の左のほうは，x が増加する（右に進む）につれて上

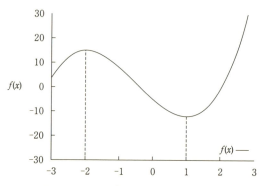

図 6.3　$f(x) = 2x^3 + 3x^2 - 12x - 5$ のグラフ

表 6.2　変化量の変化

x	−3	−2.5	**−2**	−1.5	−1	−0.5	0	0.5	**1**	1.5	2	2.5	3
y'	24	10.5	**0**	−7.5	−12	−13.5	−12	−7.5	**0**	10.5	24	40.5	60

第 6 章 回帰係数の算出 109

向き（正の傾き）になっていますね。これが，$x = -2$ のポイントで傾きは 0 になり，そこから傾きはマイナスになっていきます。図 6.3 も，x が -2 から 1 の間は，x が増加するに連れて関数は下向きになっています。さらに進むと $x = 1$ で底を打って，また傾きはプラスになっていきます。

この傾きが 0 になるポイント $x = -2$ と $x = 1$ は，関数の傾きの変化がなくなるところ，つまり天井や底を打つポイントです。このポイントのことを極値といいますが，図から $x = -2$ は極大，$x = 1$ は極小になる値であるといえます（最大・最小ではありません）。

この極値はどうすれば求められるのでしょうか。これは導関数 y' の傾きが 0 になるところですから，導関数 $y' = 0$ として方程式を解けばよいことになります。これを解くと，$y' = (x + 2)(x - 1) = 0$ から，解 $x = -2$, 1 が得られました。微分はこのように，関数の極値を求めるために使います。

6.1.2　偏微分方程式から回帰係数を求める

さて，回帰分析の話に戻りましょう。回帰分析の最小二乗法は，誤差の関数 Q を最小にする極値を算出することで達成できるのでした。ただし先ほどの例とは違って，今回求める微分係数は傾き a と切片 b の 2 つになります。2 つ以上の変数からなる関数を微分する場合は，偏微分とよばれる計算方法を用いることになります。

関数 $f(x, y)$ という，2 つの変数 x, y の関数（2 変数関数）があったとします。このとき，y をある一定の値 b とすると，$f(x, b)$ は x しか変化しないので，1 変数関数だとみなすことができます。この関数のある点 b について，微分係数，

$$\lim_{h \to 0} \frac{f(a + h, b) - f(a, b)}{h}$$

が存在すれば，この微分係数を $f(x, y)$ における x についての偏微分係数，とよぶことができます。偏微分は，注目する変数以外を無視して（偏った）微分をすることだと思ってください。偏微分は，記号では $\partial f(x, y) / \partial x$ と表します[*1]。

さて，偏微分係数が存在するような各点 $P(x, y)$ で，$\partial f(x, y) / \partial x$ と $\partial f(x, y) / \partial y$ の両方が極値を取る場合を考えたいとします。回帰分析でいうところの $Q(a, b)$ のことだと思いながら読み進めてください。偏微分するとき，特定の変数だけをみるのが偏微分ですが，今回は x と y が同時に極値を取る場所を考えたいのです。それぞれの偏微分は，一次関数だとみなして導関数を算出することで，それぞれ

---

*1　∂ はただの d と違って，ラウンドディーとよばれる偏微分用の文字です。

110　第Ⅲ部　数式で理解する

が 0 になることが同時に成立するわけですから，方程式が連立する，つまり連立方程式，

$$
\begin{cases}
\dfrac{\partial f(x, y)}{\partial x} = 0 \\[2mm]
\dfrac{\partial f(x, y)}{\partial y} = 0
\end{cases}
\qquad [6.4]
$$

を解けばよいことになります。

　偏導関数の連立方程式！というと言葉のパンチ力はなかなかありますが，何も難しいことはありません。くどいようですが偏導関数は，1つの変数だけを変数として扱って，あとは固定するのですから，微分するときに関係のない変数が含まれる項は無視できます。数学的には，そのような項は 0 と置く，ということです。

　例えば，$f(x, y) = 3x^3 + 2y^3 + 4x^2y + 5xy^3 + 12xy + 4$ の ∂x は，

$$
\frac{\partial f(x, y)}{\partial x} = 9x^2 + 8xy + 5y^3 + 12y
$$

になり，∂y は

$$
\frac{\partial f(x, y)}{\partial x} = 6y^2 + 4x^2 + 15xy^2 + 12x
$$

というように，注目している変数が含まれない項は無視すればよいのです。

回帰分析の偏微分

　さて，これで準備が整いました。さっそく回帰係数を求める計算に入りましょう。目的は回帰係数を当てはめたときの誤差，すなわち $e_i = Y_i - \widehat{Y}_i$ の二乗和 Q を最小にすることです。Q について少し式展開をしていきましょう。

$$
Q = \Sigma e_i^2
$$

定義に戻って，

$$
= \Sigma (Y_i - \widehat{Y}_i)^2
$$

予測式を X で表して，

$$
= \Sigma (Y_i - (aX_i + b))^2
$$

$\qquad [6.5]$

平方を展開して，

$$
= \Sigma (Y_i^2 - 2Y_i(aX_i + b) + (aX_i + b)^2)
$$

第三項の平方も展開すると，

$$
= \Sigma (Y_i^2 - 2aX_iY_i - 2bY_i + a^2X_i^2 + 2abX_i + b^2)
$$

　これが $Q(a, b)$ の中身です。これを対象に，先ほどの要領で偏微分方程式を解

くことになります。a と b が未知数で，Q の極値を求めるべく偏微分するのです。つまり，a に関わる項目 $\Sigma(-2aX_iY_i + a^2X_i^2 + 2abX_i)$ の導関数，

$$\frac{\partial Q}{\partial a} = \Sigma(-2X_iY_i + 2aX_i^2 + 2bX_i)$$

-2 をくくりだします。

$$= -2\Sigma(X_iY_i - aX_i^2 - bX_i) \qquad [6.6]$$

Σ で変化しない項は前に出して，

$$= -2(\Sigma X_iY_i - a\Sigma X_i^2 - b\Sigma X_i)$$

と，b に関わる項目 $\Sigma(-2bY_i + 2abX_i + b^2)$ の導関数，

$$\frac{\partial Q}{\partial b} = \Sigma(-2Y_i + 2aX_i + 2b)$$

-2 をくくりだします。

$$= -2\Sigma(Y_i - aX_i - b)$$

Σ を中に入れます。

$$= -2(\Sigma Y_i - a\Sigma X_i - \Sigma b) \qquad [6.7]$$

各変数の総和は平均の N 倍と同じですから，

$$= -2(N\overline{Y} - aN\overline{X} - Nb)$$

N でくくって，

$$= -2N(\overline{Y} - a\overline{X} - b)$$

の連立方程式になります。

　ここで，上の $\dfrac{\partial Q}{\partial a}$ の式を解き進めるにあたって，改めて分散の式と共分散の式を思い出してください。共分散は，

$$s_{xy} = \frac{1}{N}\Sigma X_iY_i - \overline{X}\,\overline{Y}$$

ですから，両辺を N 倍して，

$$Ns_{xy} = \Sigma X_iY_i - N\overline{X}\,\overline{Y}$$

　整えると，

$$\Sigma X_iY_i = Ns_{xy} + N\overline{X}\,\overline{Y}$$

となります。また分散の式から，

$$s_x^2 = \frac{1}{N}\Sigma X_i^2 - \overline{X}^2$$

ですから，両辺を N 倍して，

$$Ns_x^2 = \sum X_i^2 - N\overline{X}^2$$

整えると,

$$\sum X_i^2 = Ns_x^2 + N\overline{X}^2$$

ということになります。先ほどの偏微分方程式に出てきたのと同じ数字の別表現が得られましたから，代入して，

$$\begin{aligned}
\frac{\partial Q}{\partial a} &= -2(Ns_{xy} + N\overline{X}\,\overline{Y} - a(Ns_x^2 + N\overline{X}^2) - b\sum X_i) \\
&= -2(Ns_{xy} + N\overline{X}\,\overline{Y} - aNs_x^2 - aN\overline{X}^2 - bN\overline{X}) \\
&= -2N(s_{xy} + \overline{X}\,\overline{Y} - as_x^2 - a\overline{X}^2 - b\overline{X}) \\
&= -2N(s_{xy} + \overline{X}(\overline{Y} - a\overline{X} - b) - as_x^2)
\end{aligned} \qquad [6.8]$$

となりました。ここで，それぞれが 0 となるのが最小となる点なので，

$$\begin{cases}
\dfrac{\partial Q}{\partial a} = -2N(s_{xy} + \overline{X}(\overline{Y} - a\overline{X} - b) - as_x^2) = 0 \\[2mm]
\dfrac{\partial Q}{\partial b} = -2N(\overline{Y} - a\overline{X} - b) = 0
\end{cases} \qquad [6.9]$$

が求めるべき答えということになります。ここからまず切片 b が，

$$\begin{aligned}
-2N(\overline{Y} - a\overline{X} - b) &= 0 \\
\overline{Y} - a\overline{X} - b &= 0 \\
b &= \overline{Y} - a\overline{X}
\end{aligned} \qquad [6.10]$$

となり，同様に，

$$\begin{aligned}
-2N(s_{xy} + \overline{X}(\overline{Y} - a\overline{X} - b) - as_x^2) &= 0 \\
s_{xy} + \overline{X}(\overline{Y} - a\overline{X} - b) - as_x^2 &= 0
\end{aligned}$$

$\overline{Y} - a\overline{X} = b$ なので，

$$\begin{aligned}
s_{xy} - as_x^2 &= 0 \\
as_x^2 &= s_{xy} \\
a &= s_{xy}/s_x^2 \\
&= r_{xy}\frac{s_y}{s_x}
\end{aligned} \qquad [6.11]$$

となります。これで既知の変数から，傾き a と切片 b が求められました。

6.2　最尤法による回帰係数の算出

回帰係数の求め方は最小二乗法だけでなく，最尤法によるものもあります。理

論的背景や応用可能性から考えると，実践場面では最尤法による推定（ML 推定）のほうがよく用いられています。

ここでは最尤法による推定の仕方を解説しますが，その前に数学的準備として対数と尤度の考え方を解説します。

6.2.1 対数

ある数 a を r 乗したら，R になったとします。このとき，r を「a を底とする R の対数」とよび，$r = \log_a R$ と表します。これはこのように決めた，というルールなので，このまま受け止めてください。さて，この基本的なルールを決めたうえで，累乗の計算を特に以下のように定めます。

$$a^1 = a$$
$$a^0 = 1$$
$$a^{-1} = \frac{1}{a}$$

これは対数の記号で書き直せば，

$$\log_a a = 1$$
$$\log_a 1 = 0$$
$$\log_a \frac{1}{a} = -1$$

ということになります。

急に計算ルールの話になりましたが，そもそもなぜこのようなことを考えるのでしょうか。それは一言で言うと，とても大きな数字になる計算を，なるべく簡単にすませたいからです。計算は一般に掛け算や割り算は大変ですが，足し算や引き算はそれほど難しくありませんね。対数を使うと，大きな数字になりがちな掛け算の問題，あるいは割り算の問題を足し算や引き算の形に書き換えることができるのです。

対数の性質は，以下のようになります。

1. $\log_a RS = \log_a R + \log_a S$
2. $\log_a R/S = \log_a R - \log_a S$
3. $\log_a R^p = p \log_a R$

まず 1 つ目は，2 つの数字 R と S の掛け算も，共通の底 a をもってやれば足し算に変わるということを示しています。これは定義から明らかで，$r = \log_a R$，$s = \log_a S$ とおくと，$R = a^r$，$S = a^s$ ですから，

114 第Ⅲ部 数式で理解する

$$RS = a^r a^s$$
$$= a^{(r+s)}$$
[6.12]

となり，$\log_a RS = r + s = \log_a R + \log_a S$ が導かれます。同様に2番目，3番目の式も指数関数の特徴を考えれば，すぐに導出することができます。

余談 対数で計算することの利点

このようにして，対数を取れば掛け算が足し算に，割り算が引き算に変わることがわかりました。対数の肝はこれでおさえたも同然ですが，これが実際どのような役に立ったかを知っておくと，もう少し対数に興味をもってもらえるかもしれません。本筋からは少し外れますが，対数の便利さについて解説します。先へ進みたい人は，ここのセクションはスキップしてください。

さて，では簡単な例から考えてみましょう。8×16 はいくらか？と聞かれて，すぐに答えが出る人は少ないかもしれません。ところが，これを2を底とする対数で考えると，$\log_2 8 = 3$，$\log_2 16 = 4$ です。掛け算は足し算になりますから，$3 + 4 = 7$，ここから答えは $2^7 = 128$ となります。

もう1つ。次の例ではどうでしょうか。

$$2048/128 = \log_2 11 - \log_2 7 = 2^4 = 16$$

この例では，2048 を 128 で割るという計算をしています。対数を取れば割り算が引き算になりますから，計算が楽になりますね。

まだ実感できない人がいるかもしれませんので，次は 10 を底に取った場合を考えてみましょう。10 を底とする対数を常用対数といい，その昔，計算するときに大変重宝されました。John Napier が 20 年の歳月をかけて作ったといわれる対数表（ある数字から対数へ変換する表）のおかげで，どんな複雑な計算も簡単になったといいます[*2]。我々は 10 進法の世界に生きていますから，10 を何乗したかという値はすなわち，何桁の計算をしたかということと直結します。表 6.3 にあるように，常用対数の1の位がそれを表しているのがおわかりいただけますでしょうか。

さて，例えば，次のような複雑な式があったとしましょう。

$$x = \sqrt{(798.3 \times 15.4^2/3.69)}$$

これをすぐ計算するのは難しいのですが，対数の計算にすると次のようになります。

[*2] 正確にいうと，Napier が作ったのは，$1 - 10^{-7} = 0.9999999$ を底とした対数表であって，もっと便利な 10 を底とした対数表を作ったのは Henry Briggs です。詳しくは Maor（1994／1999）参照。

第6章　回帰係数の算出　　115

表6.3　常用対数を使うと桁がわかる

桁数	範囲	$\log N$
1桁の計算	$1 \leq N < 10$	$0.****$
2桁の計算	$10 \leq N < 100$	$1.****$
3桁の計算	$100 \leq N < 1000$	$2.****$

$$\log x = 1/2(\log 798.3 + 2\log 15.4 - \log 3.69)$$

　次に，対数になっている数値を対数表で確認します。例えば $\log 798.3$ は 2.902 であることがわかります。同様に，$\log 15.4 \to 1.1875$，$\log 3.69 \to 0.5670$ ですから，この式は，

$$\log x = 1/2(2.902 + 2 \times 1.1875 - 0.5670) = 2.355$$

となります。この式のように，小数の足し算・引き算になれば，計算の苦労はだいぶ変わります。最後に出た答えを逆対数表（対数から数字へ変換する表）で調べ直して，$10^{2.355} = 226.5117$，という答えが得られることになります。

　電卓が登場した今となっては，このような面倒な計算に意味があるとは思えないかもしれませんが，実際に対数表が登場したおかげで天文学者はずいぶんと助かったそうです。一昔前は計算尺とよばれる卓上計算機がありましたが，これも対数の考え方を応用したものです。

6.2.2　尤度と最尤法

　対数を使うことで，計算が簡単になるシーンがあることをみてきました。確率・統計の世界では，最尤法を使うときに対数を使うことになります。それは対数のもつ「掛け算を足し算にしてしまう」特徴を使うからです。

　最尤法は，尤度が最大の点を探す方法という意味です。ですからまず，尤度とは何かについて説明したいのですが，そのためには尤度と裏表の関係にある確率分布関数の話をしなければなりません。

確率分布関数

　何かが確率的に生じるとき，その出来事は確率変数である，という言い方をします。例えばサイコロで何の目が出るか，というのは確率的に生じますから，サイコロの出目は確率変数です。実際にサイコロを振ると，1から6までの数字が出ますが，これらは確率変数の実現値，といいます。

さて，ちゃんとしたサイコロであれば，1から6までの数字が出る確率は均等なはずです。このように，どの実現値が出現する確率も同じであれば，それは一様分布に従う，という言い方をします。確率分布は，確率変数のすべての実現値についての，出現確率のリストのことです。

　サイコロの目は1，2，3，4，5，6のどれかであって，1.5や2.36のような「間の値」を取らないので，離散変数とよび，離散分布に従うことになります。この離散分布の形を数式的に表現しているのを，確率質量関数といいます。

　連続的な変数の確率分布は，確率密度関数といいます。例えば，回帰分析において，残差（誤差）はいつどのような形で，どれぐらいの大きさで出現するのかわからないので，確率変数だと考えます。この大きさは実数ですから，連続変数だと考えられますので，連続的な確率分布，確率密度関数に従って実現値が決まっている，と考えます[*3]。

　用語がいろいろ出てきましたが，ここでは「確率変数は確率分布に従うこと」「確率分布は関数で表現されること」をふまえてくれれば十分です。ただ，サイコロの例であげた一様分布は，「ある範囲の実現値はすべて均一に生起しうる」ということなので，形状は横一直線で変化がありません。一方，誤差の分布として代表的な正規分布などは，平均μと分散σ^2というパラメータによってけっこう形が変わります。確率分布のパラメータは，確率分布の形を設定するための変数なのです（図6.4）。

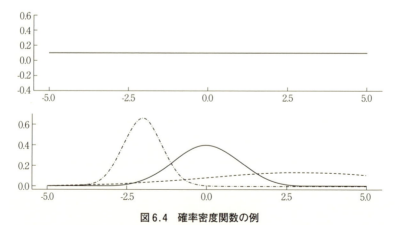

図6.4　確率密度関数の例
上は一様分布，下は正規分布。正規分布のパラメータを変えると形が変わる。

[*3]　確率についてのわかりやすい説明は，Kruschke（2017）を参照してください。

ある確率変数 X が，確率分布 $f(\theta)$ に従うというのを数学的には $X \sim f(\theta)$ と書きます。この θ の値に応じて分布の形状が変わるのですが，関数の値がわかれば，確率変数 X のある実現値 x が生じる確率を算出することができる，ということになります。周りくどいようですが，サイコロの出目は一様分布に従うので，一様分布関数 $Unif(1, 6)$[*4] の形から，実現値 1 が出る確率は 1/6，ということが示されます。

6.2.3 尤度と尤度関数

確率分布関数がわかったところで，尤度の説明に進みます。

例として，サイコロよりも出目の少ないコイントスのことを考えましょう。コインは裏か表か，2つしか実現値をもちません。このような場合の分布はベルヌーイ分布に従うことがわかっています。一般に，コインは運試しに使われるように，表も裏も，可能性は5分5分，50% vs 50%です。ベルヌーイ分布はパラメータを1つしかもたないので，$Bern(\theta)$ と，1つのパラメータで表現しておきますね。コイントスの結果は $\theta = 0.5$ の結果，つまり結果$\sim Bern(0.5)$ となります。

ベルヌーイ分布の形は非常にシンプルです。確率 θ で表，確率 $1 - \theta$ で裏が出ますから，表を $k = 1$ と表すと，$Bern(\theta) = \theta^k (1 - \theta)^{(1-k)}$ ということになります。

さて，ここに手品ショップで買ってきたコインがあります。怪しいですよね。表が出やすく，あるいは裏が出やすく作ってあったりするのではないでしょうか。普通は $\theta = 0.5$ なのですが，確信がもてません。実際にコイントスをして確かめてみたとします。

5回コイントスをしたら，1，1，1，0，1（表，表，表，裏，表）という結果が得られたとします。$\theta = 0.5$ ではなさそうなので，記号 θ のまま表記しますが，各試行で，表が出る確率は θ，裏が出る確率は $1 - \theta$ です。

表，表，と2回続けて出る確率はどうなるでしょうか。相互に独立した事象の場合は，確率を掛け算でつなげていきますから[*5]，$\theta \times \theta$ となります。では今回のように，表，表，表，裏，表と出た場合はどうでしょう。少し長くなりますが，$\theta \times \theta \times \theta \times (1 - \theta) \times \theta$ となるに違いありません。面倒なので，$\theta^4 (1 - \theta)^1$ と表しておきます。

[*4] 最小値1，最大値6の範囲で確率が均等であるという分布です。1や6が分布の形状を決めるパラメータといえます。サイコロの場合は離散的変数ですので，図6.4（上）のようにはなりませんが。

[*5] 例えばサイコロの目が1回目に1が出て，2回目に2が出る確率は，1が出る確率1/6と2が出る確率1/6を掛け合わせて $1/6 \times 1/6 = 1/36$ と計算しますね。

ここでデータ（実現値）とパラメータの関係を逆転して考えます。確率分布関数は，あるパラメータのもとで実現値が現れる確率を表現した関数でした。パラメータがわかると，実現値が得られる確率がわかる（パラメータ→実現値）関数です。でも今回は，パラメータがわかりません。$\theta = 0.5$ というのが怪しいのです。同じ確率分布の形で，実現値の組み合わせ方からパラメータのことがわかるように（実現値→パラメータ），発想を転換します。この場合，パラメータのほうが未知数な関数になりますが，この関数のことを尤度関数といいます。

最尤推定法

これで最尤法の説明をする準備ができました。

尤度関数は確率分布関数と形は同じものです。見たいものが逆方向になっているだけで，確率分布関数はあるパラメータのもとでの確率がわかる関数ですが，尤度関数はあるデータのもとでの「パラメータのもっともらしい程度」＝尤度が求まる関数なのです。

今回の事例，つまり $\theta^4(1-\theta)^1$ について，$\theta = 0.5$ とすると尤度 $L = 0.03125$ となります。しかし $\theta = 0.5$ 以外の可能性もありますね（むしろそのほうが高いかもしれません）。今回は裏か表かの確率なので，0 から 1 の間で θ を変化させたグラフを書いてみますと，図 6.5 のようになります。

このデータから得られた尤度のグラフは，$\theta = 0.8$ のときに最も高くなります。言い換えれば，$\theta = 0.8$ であれば，1，1，1，0，1 という結果が得られるのが最も尤も（もっとも）らしい，ということです。このデータから得られる推定値

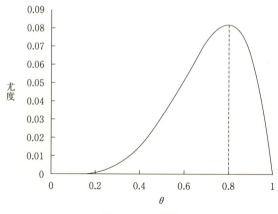

図 6.5　θ の関数

$\theta = 0.8$，これが最尤推定値ということになります。

　一般的に表現しておきましょう。パラメータ θ から n 個の標本，X_1，X_2，……，X_n を得たとき，ある確率密度関数 $f(x)$ において θ のもとで X_1 が得られるということを，$f(X_1|\theta)$ と表現すると，標本が得られる確率は，

$$f(X_1|\theta)f(X_2|\theta)\cdots f(X_n|\theta)$$

で表されます。これが尤度関数です。尤度関数 $L(\theta)$ は掛け算のくり返し記号 Π を用いて，

$$L(\theta) = \prod_{i=1}^{n} f(X_i|\theta) \qquad\qquad [6.13]$$

と表現されます。これを最大化する θ の値，$\widehat{\theta}$ を求めるのが最尤推定法だというわけです。

対数と微分を駆使して

　最尤法の話をするために，確率分布関数と尤度の話だけではなく，対数の話もしてきました。対数はこの話にどう関わってくるのでしょうか。

　最尤法の最後に出てきた式 6.13 は，確率密度の掛け算の式になっています。確率は 0 から 1 までの実数で表現される，小さな数字です。それを何度も何度も掛け合わせますから，尤度はとても小さな数字になってしまいます（図 6.5 の縦軸を見てみてください）。

　値の小さな数字をくり返して掛けることは，計算上とても面倒です。コンピュータで計算するのですが，それでもすぐに，桁数が小さくなりすぎてうまく計算できなくなります。

　そこで対数の登場です。対数を使うと，掛け算が足し算の形になるのでした。尤度関数を，対数尤度関数の形（式 6.14）に書き換えて，そこで最大値を求める計算に直したほうが計算が楽で数値も安定します。

$$\log L(\theta) = \sum_{i=1}^{n} \log f(X_i|\theta) \qquad\qquad [6.14]$$

　ここで求めたいのは最大値だけです。数字は対数を取っても大小関係は変わりませんので，実際の計算はこの対数尤度関数の最大値を探す，ということになります。

　もう 1 つ思い出して欲しいのは，微分のことです。微分は極値を求めるために行う計算なのでした。このアイデアは，（対数）尤度関数に対しても有効で，（対数）尤度関数を微分して傾きが 0 になるところを推定値とすればよいのです。

120　第III部　数式で理解する

対数を取って微分することは，とても大変な数学的計算をしなければならないと思うところですが，その辺はコンピュータが自動的にやってくれます。計算の苦労はしなくてもいいですから，「何をやっているのか」という計算式のエッセンスだけをつかみ取っていただければと思います。

6.2.4　回帰分析の最尤推定値を求める

お待たせしました，それでは具体的な回帰分析の例で，最尤推定することを考えてみましょう。

回帰分析モデルの場合，誤差はプラス側にもマイナス側にもありうるのでした。また，誤差の分布は "ちょっとした誤差" はたくさんあっても，"大きな誤差" はめったに出てこないでしょう。例えば身長 176cm の人を，177cm とか 175cm と測り間違えることはあっても，160cm とか 203cm に間違えることはめったにないでしょうから。

そういう意味では，誤差は平均 0 で，平均の周辺になる確率は高くても平均から離れるとその確率はググッとさがると思われます。この確率分布の形は，平均 0 の正規分布（左右対称の釣鐘型分布）がよさそうですね。誤差の分布が平均 0 なのは，これが 0 でなければ系列的な偏りなので，モデル（$Y = aX + b$）の中に取り込むことができるはずだからです。

さて，正規分布がどういう形をしているかは，数学的に定められています。形を表す正規分布の確率密度関数は，$N(\mu, \sigma^2)$ と書くことが一般的です。これの中身は，

$$x \sim N(\mu, \sigma^2) = \frac{1}{\sqrt{2\pi\sigma^2}} \exp\left(-\frac{(x-\mu)^2}{2\sigma^2}\right)$$

です。

これを覚える必要はありませんが，$\pi = 3.1415\cdots$ のことですし，$\exp(x)$ という関数は，$\exp(x) = e^x$ ということ，また $e = 2.7182\cdots$ というある定数のことだと思ってください。つまり，いろいろな記号が出てきていますが，わからない未知数は μ と σ だけなのです。この μ，σ に値を入れれば，確率密度がどれぐらいか（どれぐらいのもっともらしさがあるか）を表す数値が定まる関数なのです。ここで μ は平均，σ^2 は分散を意味するパラメータです[*6]。

さて，誤差は正規分布に従うと考えるのでした。中でも平均 μ は 0 だと思われ

---

*6　一般に，確率分布の形を決める変数のことをパラメータ（母数）とよぶことを思い出してください。巷では，母数を「分母」という意味で間違えて使う例がよくみられますので注意してください。

ますので，問題になるのは σ^2 だけです．ある誤差 e_i は $N(0, \sigma^2)$ に従って発生する，といえるのです．

　誤差がなければ $aX_i + b$ の形が成り立つはずなのですが，これに誤差がまとわりついてデータが得られているので，実際には $Y_i = aX_i + b + e_i$ になっています．この考え方は最小二乗法のときと同じです．ただ今回は，e_i が確率分布に従うという仮定を置いたのでした．これについて，数学的な正しさを無視して書き下せば $Y_i = aX_i + b + N(0, \sigma^2)$ と書けるでしょう[*7]．

　しかし，e は平均 0 なのですから，この（擬似的な）数式はさらに $Y_i = N(aX_i + b, \sigma^2)$ と書きすすめられます．この式が意味するのは，平均 $aX + b$ の周りを σ^2 だけ散らばったものがデータ Y_i ということです（図 6.6）．回帰分析の予測式は，平均をモデル化したものであったことがわかります．

　さてここで思い出して欲しいのですが，X_i, Y_i はデータとして数字が手に入っています．a, b, σ は未知なパラメータです[*8]．これが，$N(\mu, \sigma^2)$ の関数で結び付けられているのです．とある i 番目のデータセット，X_i, Y_i があったとすると，$Y_i \sim N(aX_i + b, \sigma^2)$ ですから，未知の a, b, σ が求まれば，この関数から得られる数字はこのデータ X_i から Y_i が得られる確率を意味することになります．また，データは 1 つではなくたくさんあります．データ全体として，手元のデータが得られる確率が最も高くなるような a, b, σ はいくらになるだろうか，というのが最尤法の考え方なのです．これがたった 1 つのデータでは何ともいえないのですが，幸い多変量解析はデータ X_i, Y_i がたくさんあるので，計算機の力を借りて a, b, σ がどの辺りにあればよいのかを探し求めることができるのです．

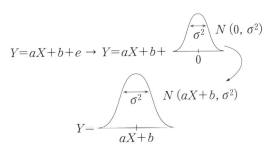

図 6.6　確率モデルとして表現する

[*7] ここでは理解を容易にするために，厳密には正しくない数式表現を用いてます．本来は確率分布に従う，ということを〜という記号で表現するので，$Y_i \sim N(aX_i + b, \sigma^2)$ と書くのが正しいです．
[*8] σ がわかれば σ^2 がわかったことと同じ（二乗すればよい）なので，未知パラメータとしては σ としてあります．

確率の話ですから，$i = 1$ が得られる確率 $Y_1 \sim N(aX_1 + b, \sigma^2)$，$i = 2$ が得られる確率 $Y_2 \sim N(aX_2 + b, \sigma^2)$，……とすべてのデータについて式で表現することができます。すなわち，すべてのデータが得られる確率は，$\prod_{i=1}^{N} N(aX_i + b, \sigma^2)$ と書くことができます。この値（尤度）が最も高くなるような，a, b, σ の組み合わせを求めることが目的になります。

すでに述べたように，実際の計算では対数を取って計算するようにし（対数尤度），答えを探すときには当然コンピュータの力を借りることになります。ここではともかくこうした原理で，a, b, σ が求まるのだ，ということがわかってもらえれば十分です。

6.3　ベイズ推定法による回帰係数の算出

ここまでで，最小二乗法と最尤法による推定について話してきました。最後にもう1つ別の推定法，ベイズ推定についてご紹介しておきたいと思います。

6.3.1　ベイズ推定法とは

ベイズ推定法とは何か，様々な角度から説明することができますが，本書では「最尤法の代わりに使える方法」というにとどめておきます。回帰分析をはじめとする線形モデルがどんどん発展していくと，最尤法では実質的に計算できないほど，複雑な確率計算をしなければならないシーンが出てくるようになりました。そこで最近では，ベイズ推定法が注目されるようになってきたのです。

しかしベイズ推定法はただの推定法ではなく，我々に考え方の変更を迫ってきます。本質的には，モデリングとは何か，統計的推定とは何か，という哲学的ともいえるほどの問いを突きつけてくるともいえます。しかし本書ではそうした思想信念の説明には立ち入らず，推定法としてのみ紹介します。

もっとも，違う推定法でも答えが出たからそれでよし，というだけではすみません。上で述べたように，考え方の変更が必要なのです。それは推定値が「点」ではなく「幅」で表されるからです。これまで，最小二乗法も最尤法も，誤差を最小，あるいは尤度を最大にするような値があり，それを当てる（正解する）ために計算をしてきたのでした。つまりそうした「真の値」が存在し，それをいい当てることができるという考え方が大前提としてあったのです。これに対してベイズは，真の値はただ1つ存在するのかもしれないが，それがどの辺りにあるのか幅をもって（分布として）答えようとするのです。

ベイズ推定によって得られるものは事後分布とよばれるものです。データを取った後の，パラメータがありそうな領域の確率分布を考えるからです。この確率分布を使って，幅をもって答えるのですが，この幅のことを確信区間とよびます。この区間の中に入っているに違いない，という（分析者の）信念の強さを表現している，と考えるからです。この区間がものすごく狭ければ，ほぼ点推定をしていることに変わりません。逆に確信区間が広ければ，このデータからはそこまではっきりと結論できない，ということを表すことになります。

くり返しますが，ベイズ推定によって得られるものは事後分布とよばれる確率分布です。分布ですから，そのピークをもって考えて点推定してもかまいません。ベイズ推定による事後分布の平均値や中央値を推定値として利用することもできます。しかし本質的に，1点の極値として推定しているのではなく，分布を推定しているのだということに注意しておいてほしいのです。

6.3.2 MCMC による推定

ベイズ推定には，特別なソフトウェア，ベイジアンソフトウェアを使うことが一般的です[*9]。代表的なベイジアンソフトウェアは，JAGS や Stan とよばれるものがあります[*10]。

JAGS や Stan は，端的にいうと乱数発生器です。乱数というのはランダムな数字という意味です。コンピュータ言語にはたいてい，（擬似）乱数発生装置が組み込まれています。ゲームでサイコロを振ったり，偶然性を表現したりするために使われるからです。そしてそうした乱数発生装置の中には，「ある確率分布に従って発生する乱数」というものもあります。サイコロの出目の確率でしたら一様分布，まったくのランダムでいいのですが，ときおり大きな数字が出る，というときなどは一様分布ではない分布で珍しさを表現する必要があるからです。

ベイジアンソフトウェアとよばれるものも，基本的には乱数発生器ですが，「モデルから計算される事後分布に従って発生する乱数」を発生させることができるのです。乱数といっても，1つや2つではなく，数千，数万，数十万もの乱数を発生させると，それのヒストグラムを見ることで分布の形状を見ることができますし，平均値や中央値なども"大規模データの記述統計量"として計算することができます。あくまでも乱数による近似ということにはなりますが，規模が

[*9] 最近は JASP などのソフトウェアでもベイズ推定に対応しています。JASP については https://jasp-stats.org を参照してください。

[*10] JAGS については http://mcmc-jags.sourceforge.net を，Stan については http://mc-stan.org を参照してください。

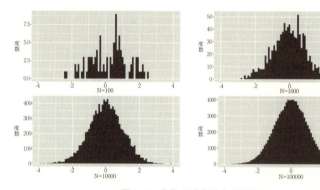

図 6.7　乱数で確率分布の近似

大きくなると十分実用に耐えうる精度をもたせることができます。

図 6.7 は標準正規分布に従う乱数を 100, 1,000, 10,000, 1,000,000 点発生させたときのヒストグラムです。乱数の数が多くなると，徐々に理論的な形の近似になっていることが目に見えてわかるかと思います。この乱数発生のメカニズムとしてマルコフ連鎖モンテカルロ法（MCMC）というものがあり，またその効率性を高めるための技術的な違いがいくつかあります。ともかく最近のベイズ推定は主にこの MCMC 法によって得られた乱数のサンプル（MCMC サンプル）を使って推定しています。

6.3.3　ベイズ法による回帰係数と結果の解釈

ここで，実際に JAGS や Stan を使って回帰係数を推定する例を示します。数値例は表 4.1 のものと同じです。最尤推定値だと切片が -1.626110，傾きが 0.008046 ということでしたが，ベイズ推定をするとその結果は表 6.4 のようになります。

傾き a，切片 b の推定値は，平均でそれぞれ 0.0080，-1.6147 とこれまでの最小二乗法や最尤法の推定値と同じような答えを弾き出しています。しかしベイズ推定では，これらの推定されたパラメータが確率分布として得られます。平均値のあとに，2.5% タイル，25% タイル，50% タイル（＝中央値），75% タイル，

表 6.4　MCMC による回帰係数の推定

推定する変数	平均値	2.5%	25%	50%	75%	97.5%
a	0.0080	0.0053	0.0071	0.0080	0.0089	0.0109
b	−1.6147	−3.2055	−2.1135	−1.6132	−1.1117	−0.0746

97.5％タイルの点をそれぞれ算出しました。パーセンタイル点は分布の左端からの面積に対応する点を表しており，例えば25％タイル点は第1四分位を表していることになります。傾き a は，0.0053から0.0109の間に95％の確率で入っているとか，50％の確信区間が0.0071から0.0089だ，という言い方をすることができます。ベイズの場合はこのように，推定値に幅をもたせて報告することが一般的です。

　どの方法を使っても，同じような推定値になることは変わりありませんので，それぞれの特徴をふまえて，シーンに応じて選べるようになりましょう。

引用文献

Kruschke, J. K. (2014). *Doing Bayesian date analysis: A tutorial with R, JAGS, and Stan.* Academic Press.／前田和寛・小杉考司（訳）(2017).　ベイズ統計モデリング—R, JAGS, Stan によるチュートリアル　共立出版

Maor, E. (1994). *e: The story of a number.* Princeton Univ Press.／伊理由美（訳）(1999).　不思議な数 e の物語　岩波書店

126   第Ⅲ部　数式で理解する

おまけ

回帰分析を行う JAGS のモデルコード

```
model{
  for(i in 1:N){
    y[i] ~ dnorm(b + a*x[i], inv.var)
  }

  b ~ dnorm(0,0.001)
  a ~ dnorm(0,0.001)
  inv.var ~ dgamma(0.001, 0.001)
  sigma    <- 1/sqrt(inv.var)

}
```

回帰分析を行う Stan のモデルコード

```
data{
  int<lower=0> N;
  real x[N];
  real y[N];
}

parameters{
  real<lower=0> sigma;
  real a;
  real b;
}

model{
  for(i in 1:N){
    y[i] ~ normal( b + a*x[i] , sigma);
  }

  a ~ normal(0,100);
  b ~ normal(0,100);
  sigma ~ inv_gamma(0.001,0.001);
}
```

第7章

数理でみる回帰分析の特徴

　この章では回帰分析のまとめとして，回帰分析モデルから導出される原理的な特徴について考えていきます。

7.1　平均値にまつわる諸特徴

7.1.1　特徴1：Yと$\widehat{Y}$の平均値について

　最小二乗基準によると，回帰係数は，

$$a = r_{XY} \frac{s_Y}{s_X}$$

と，

$$b = \overline{Y} - a\overline{X}$$

で求められるのでした。ここから個々のY_iについては，$\widehat{Y}_i = aX_i + b$より，

$$\widehat{Y}_i = aX_i + (\overline{Y} - a\overline{X}) \tag{7.1}$$

であることがわかります。このことから，予測値$\widehat{Y}_i$の平均値を考えてみます。

$$\overline{\widehat{Y}_i} = \frac{1}{N} \Sigma \widehat{Y}_i$$

$$= \frac{1}{N} \Sigma \{aX_i + (\overline{Y} - a\overline{X})\}$$

定数をN回足して$\dfrac{1}{N}$にするのですから， $\tag{7.2}$

$$= \frac{1}{N} \Sigma aX_i + \frac{1}{N} \Sigma \overline{Y} - \frac{1}{N} \Sigma a\overline{X}$$

$$= a\frac{1}{N} \Sigma X_i + \overline{Y} - a\overline{X}$$

128 　第III部　数式で理解する

$$= a\overline{X} + \overline{Y} - a\overline{X}$$
$$= \overline{Y} \qquad\qquad\qquad [7.2]$$

ということで，$\overline{\widehat{Y}} = \overline{Y}$，つまり予測値 $\widehat{Y}$ と被説明変数 Y の平均値は一致することがわかります。

7.1.2　特徴 2：残差 e の平均値について

次に，残差の平均値 $\bar{e}$ について考えてみます。

$$\bar{e} = \frac{1}{N}\Sigma(Y_i - \widehat{Y}_i)$$
$$= \frac{1}{N}Y - \frac{1}{N}\Sigma\widehat{Y}_i \qquad\qquad [7.3]$$
$$= \overline{Y} - \overline{Y} = 0$$

このことから，残差の平均はゼロになることが明らかです。

実際の数値例で確認してみましょう。第 4 章の表 4.1 のデータを回帰分析した結果から，表 7.1 を作成しました。表 7.1 には元のデータと得られた係数から算出された予測値 $\widehat{Y}_i$，および残差 $e_i = Y_i - \widehat{Y}_i$ の列を追加してあります。

これを見ると確かに，予測値の平均は実測値の平均と同じ 2.83 になっていますし，e_i の平均は 0.0 になっていることがわかりますね。

表 7.1　予測値と残差

学生	学業成績 (Y)	入学試験の点数 (X)	予測値 ($\widehat{Y}$)	残差 (e)
A	2.13	460	2.08	0.05
H	2.15	550	2.80	-0.65
I	2.18	485	2.28	-0.10
C	2.26	473	2.18	0.08
B	2.42	500	2.40	0.02
F	2.43	512	2.49	-0.06
O	2.52	518	2.54	-0.02
L	2.55	528	2.62	-0.07
J	3.00	650	3.60	-0.60
N	3.05	569	2.95	0.10
M	3.19	585	3.08	0.11
K	3.42	593	3.15	0.27
G	3.44	582	3.06	0.38
D	3.87	620	3.36	0.51
E	3.90	690	3.93	-0.03
平均	2.83	554.33	2.83	0.00

7.2 共分散にまつわる諸特徴

7.2.1 特徴3：説明変数と残差の共分散

説明変数，あるいは独立変数ともいいますが，X と残差 e について，以下の関係が成り立ちます。

$$s_{Xe} = \frac{1}{N} \Sigma (X_i - \overline{X})(e_i - \overline{e})$$

$\overline{e} = 0$ ですから，

$$
\begin{aligned}
&= \frac{1}{N} \Sigma (X_i - \overline{X}) e_i \\
&= \frac{1}{N} \Sigma X_i e_i - \frac{1}{N} \Sigma \overline{X} e_i \\
&= \frac{1}{N} \Sigma X_i e_i - \overline{X} \frac{1}{N} \Sigma e_i \\
&= \frac{1}{N} \Sigma X_i e_i
\end{aligned}
\qquad [7.4]
$$

これをさらに展開して，

$$
\begin{aligned}
\frac{1}{N} \Sigma X_i e_i &= \frac{1}{N} \Sigma X_i (Y_i - (aX_i + b)) \\
&= \frac{1}{N} \Sigma X_i (Y_i - (aX_i + \overline{Y} - a\overline{X})) \\
&= \frac{1}{N} \Sigma X_i (Y_i - aX_i - \overline{Y} + a\overline{X}) \\
&= \frac{1}{N} \Sigma (X_i Y_i - X_i \overline{Y} - aX_i^2 + a\overline{X} X_i) \\
&= \frac{1}{N} \Sigma X_i Y_i - \frac{1}{N} \Sigma X_i \overline{Y} - \frac{1}{N} \Sigma aX_i^2 + \frac{1}{N} \Sigma a\overline{X} X_i \\
&= \frac{1}{N} \Sigma X_i Y_i - \overline{Y} \frac{1}{N} \Sigma X_i - a\frac{1}{N} \Sigma X_i^2 + a\overline{X} \frac{1}{N} \Sigma X_i \\
&= \frac{1}{N} \Sigma X_i Y_i - \overline{X}\,\overline{Y} - a\frac{1}{N} \Sigma X_i^2 + a\overline{X} \frac{1}{N} \Sigma X_i \\
&= \frac{1}{N} \Sigma X_i Y_i - \overline{X}\,\overline{Y} - a\frac{1}{N} \Sigma X_i^2 + a\overline{X}^2 \\
&= \frac{1}{N} \Sigma X_i Y_i - \overline{X}\,\overline{Y} - a\left(\frac{1}{N} \Sigma X_i^2 - \overline{X}^2\right)
\end{aligned}
$$

ここで式 2.9 と 2.11 から，

$$= s_{XY} - as_X^2$$

ここで式 4.6 から，

$$= s_{XY} - \frac{s_{XY}}{s_X^2}s_X^2$$
$$= s_{XY} - s_{XY} \quad [7.5]$$
$$= 0$$

であることがわかります。これは何を意味しているのでしょうか。

s_{Xe} は説明変数 X と残差 e の共分散を表しています。これが 0 になることが示されました。相関係数は共分散を分子，各標準偏差を分母にもつことで計算されますから ($r_{XY} = s_{XY}/s_X s_Y$ を思い出してください)，X と e の相関係数 r_{Xe} も必然的に 0 になります。

つまり，説明変数 X と残差 e は無相関であるということがわかります。念のため，視覚的にも確認しておきましょう。図 7.1 は X_i と e_i の散布図です。画面いっぱいにプロットが広がっており，確かに線形関係がなさそうに見えますね。

回帰分析は被説明変数 Y を，説明変数 X で説明できる部分 ($aX + b$) と，説明できない部分 (e) に分ける分析です。X と e の相関が少しでも残っていたら，それは X で説明できる部分ということになりますから，この結果は当然といえば当然です。しかし，偏相関のところで説明したように，回帰分析で説明することが，ある変数の影響力をモデル的に統制する（パーシャルアウトする）ことが，この式展開を見ると理解しやすいのではないかと思います。

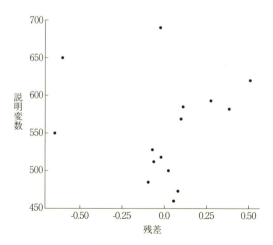

図 7.1 説明変数と残差の相関はない

7.2.2　特徴4：予測値と残差の共分散

同様に，予測値 $\hat{Y}$ と残差 e についても，0であることが以下のように証明できます。

$$s_{\hat{Y}e} = \frac{1}{N}\Sigma(\hat{Y}_i - \overline{Y})(e_i - \overline{e})$$

$\overline{e}=0$ なので

$$= \frac{1}{N}\Sigma(\hat{Y}_i - \overline{Y})e_i$$

$b=\overline{Y}-a\overline{X}$ なので，$\hat{Y}_i = aX_i + \overline{Y} - a\overline{X}$ より，

$$= \frac{1}{N}\Sigma(aX_i + \overline{Y} - a\overline{X} - \overline{Y})e_i$$

$$= \frac{1}{N}\Sigma(-a\overline{X} + aX_i)e_i$$

$$= \frac{1}{N}\Sigma(-a\overline{X}e_i + aX_ie_i)$$

$$= -a\overline{X}\frac{1}{N}\Sigma e_i + a\frac{1}{N}\Sigma X_ie_i$$

第一項は残差の平均なので $\frac{1}{N}\Sigma e_i = 0$，第二項は式7.5より $\frac{1}{N}\Sigma X_ie_i = 0$ なので，

$$= 0 \qquad [7.6]$$

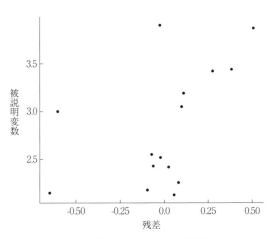

図7.2　被説明変数と残差の相関はない

132　第Ⅲ部　数式で理解する

　これも図7.2で見れば明らかなことですが，この結果は先ほどと同じく重回帰分析にもつながる重要なポイントを含んでいるので，注意深く見ておきましょう。

　もし，Yとeにほんのわずかでも相関係数があるとしたら，それはまだYをXで説明する余地が残っていたということになります。手もちのデータXでできる限りのことをしたけれども，どうしても当てはめきれなかったところをeとしてはじき出したのですから，その"予測の残り"のようなeとYとに相関はまったくない，ということが，この式展開から理解できるかと思います。

7.2.3　特徴5：被説明変数 Y の分散

　さて次に，Yの分散についてみていきましょう。$Y = \widehat{Y} + e$と分解できるので，計算の準備として合成変数の分散について確認しておきます。一般に，

$$
\begin{aligned}
s_{a+b}^2 &= \frac{1}{N}\Sigma[(a+b)-(\bar{a}+\bar{b})]^2 \\
&= \frac{1}{N}\Sigma[(a-\bar{a})+(b-\bar{b})]^2 \\
&= \frac{1}{N}\Sigma[(a-\bar{a})^2 + 2(a-\bar{a})(b-\bar{b})+(b-\bar{b})^2)] \\
&= \frac{1}{N}\Sigma(a-\bar{a})^2 + \frac{2}{N}\Sigma(a-\bar{a})(b-\bar{b}) + \frac{1}{N}\Sigma(b-\bar{b})^2 \\
&= s_a^2 + 2s_{ab} + s_b^2
\end{aligned}
\qquad [7.7]
$$

　このように，2つの変数の和（合成変数）の分散は，aとbそれぞれの分散に，各変数の共分散の2倍を加えたものになります。これをふまえて，以下の式を展開していきましょう。

$$
\begin{aligned}
s_Y^2 &= s_{(\widehat{Y}+e)}^2 \\
&= s_{\widehat{Y}}^2 + 2s_{\widehat{Y}e} + s_e^2
\end{aligned}
\qquad [7.8]
$$

式［7.6］より$s_{\widehat{Y}e} = 0$でしたから，

$$
= s_{\widehat{Y}}^2 + s_e^2
$$

　このように，Yの分散は予測値$\widehat{Y}$と残差eの分散の和に完全に分解できることがわかりました。共分散がなくなるので，2つの要素だけになるのです。

　ここから残差の分散（s_e^2）が小さければ小さいほど，データのYと，計算で出てきた予測値$\widehat{Y}$の分散がイコールに近づくことがわかります。これが「回帰式の当てはまりのよさ」を示す1つの指標になるのです。

第7章　数理でみる回帰分析の特徴　　133

7.2.4　特徴6：予測値と被説明変数の共分散

Y と $\widehat{Y}$ の共分散はどうなるでしょうか。

$$s_{Y\widehat{Y}} = \frac{1}{N}\Sigma(Y_i - \overline{Y})(\widehat{Y}_i - \overline{\widehat{Y}})$$

p. 128 より $\overline{Y} = \overline{\widehat{Y}}$ だから

$$= \frac{1}{N}\Sigma(Y_i\widehat{Y}_i - Y_i\overline{Y} - \overline{Y}\widehat{Y}_i + \overline{Y}^2)$$

$Y_i = \widehat{Y}_i + e_i$ より，

$$= \frac{1}{N}\Sigma((\widehat{Y}_i + e_i)\widehat{Y}_i - (\widehat{Y}_i + e_i)\overline{Y} - \overline{Y}\widehat{Y}_i + \overline{Y}^2)$$

$$= \frac{1}{N}\Sigma(\widehat{Y}_i^2 + e_i\widehat{Y}_i - \widehat{Y}_i\overline{Y} - e_i\overline{Y} - \overline{Y}\widehat{Y}_i + \overline{Y}^2)$$

$$= \frac{1}{N}\Sigma(\widehat{Y}_i^2 + e_i\widehat{Y}_i - e_i\overline{Y} - 2\widehat{Y}_i\overline{Y} + \overline{Y}^2) \qquad [7.9]$$

$$= \frac{1}{N}\Sigma(\widehat{Y}_i^2 - 2\widehat{Y}_i\overline{Y} + \overline{Y}^2) + \frac{1}{N}\Sigma e_i(\widehat{Y}_i - \overline{Y})$$

$$= \frac{1}{N}\Sigma(\widehat{Y}_i^2 - 2\widehat{Y}_i\overline{Y} + \overline{Y}^2) + \frac{1}{N}\Sigma(e_i - \overline{e})(\overline{Y}_i - \overline{Y})$$

特徴4より $s_{\widehat{Y}e} = 0$ なので，

$$= \frac{1}{N}\Sigma(\widehat{Y}_i^2 - 2\widehat{Y}_i\overline{Y} + \overline{Y}^2) + 0$$

$$= s_{\widehat{Y}}^2$$

ということで，$s_{Y\widehat{Y}} = s_{\widehat{Y}}^2$ であることがわかりました。つまり，被説明変数と予測値との共分散は，予測値 $\widehat{Y}$ の分散に等しいわけです。となると，Y と $\widehat{Y}$ の相関係数は，

$$r_{Y\widehat{Y}} = \frac{s_{Y\widehat{Y}}}{s_Y s_{\widehat{Y}}} = \frac{s_{\widehat{Y}}^2}{s_Y s_{\widehat{Y}}} = \frac{s_{\widehat{Y}}}{s_Y} \qquad [7.10]$$

であることがわかります。この相関係数のことを特に重相関係数といいます。計算の仕方は標準偏差の比ですが，意味するところは予測値と実測値の関係の深さです。重相関係数が大きいほど，予測がうまく当たっていることを意味しますので，モデル適合を表す指標の1つと考えられるわけです。

　さらに重相関係数の二乗は，以下のように表されます。

$$R^2 = r_{Y\widehat{Y}}^2 = \frac{s_{\widehat{Y}}^2}{s_Y^2} \qquad [7.11]$$

　これが表しているのは，被説明変数の分散に対する予測値の分散の占める割合

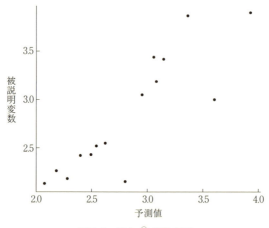

図7.3　Y と $\hat{Y}$ の散布図

であり，被説明変数の分散の何割を，予測値の分散が定めるかということになります。二乗する前と同じく，モデルの適合を意味している指標ですが，分散の割合のほうが直感的にわかりやすいかもしれません。そこでこれを，**決定係数**とよんで，モデル適合度として使っているのです。

今回のデータでは，Y と $\hat{Y}$ の散布図を描くと，図7.3のようになります。

この図からもわかるように，両者は高い相関をしており，実際 $r_{Y\hat{Y}} = 0.868$，決定係数も $R^2 = 0.754$ と高いものになっています。R^2 値はどれくらいならよくて，どれくらいなら悪いのか，ということは一概には答えられません。理工学系の実験などでは，R^2 値が0.95でも「誤差が多すぎて，実験失敗だ」となることもあると聞きます。一方，社会調査や心理調査の例では，R^2 値が0.3より小さい状況でも結果の解釈をし，最後に「R^2 値が小さかったのは今後の研究課題だ」とまとめている研究も散見されます。要するに，どのようなデータを何に当てはめ，どれくらいの説明率が必要かという状況に応じて，回帰分析モデルを評価するしかありません。

7.2.5　特徴7：相関係数と回帰係数の関係

回帰直線を x から y に対して引いたときの回帰係数を a_{xy}，逆に y から x に対して引いたものを a_{yx} と書くとします。このとき，この2つの回帰係数にはどのような関係があるでしょうか？

解に従って考えると，$a_{xy} = r_{xy}\dfrac{s_y}{s_x}$，$a_{yx} = r_{yx}\dfrac{s_x}{s_y}$ ですし，$r_{xy} = r_{yx}$ ですから，

$r_{xy} = \dfrac{s_x}{s_y}a_{xy}, \quad \dfrac{s_x}{s_y} = \dfrac{a_{yx}}{r_{yx}}$ なので，

$$r_{xy} = \frac{a_{yx}}{r_{yx}}a_{xy} \qquad\qquad\qquad [7.12]$$

$$r_{xy}^2 = a_{xy}a_{yx}$$

$$r_{xy} = \pm\sqrt{a_{xy}a_{yx}}$$

であることがわかります。

　右辺のこの形は，掛け合わせて平方根を取ったものになっています。これは幾何平均とよばれるものです。幾何平均とは，N 個の変数の積を N 乗根したものこのことですが，この場合 2 変数なので，平方根になっています。これと区別するため，N 個の変数を足し合わせて足した数で割る平均は，算術平均とよぶことがあります。

　ともかく，r_{xy} は，a_{xy} と a_{yx} の幾何平均になっていることがわかります。実際の研究場面では，説明変数と被説明変数を入れ替えることはあまりないかもしれませんが，共分散（相関）から研究を始める以上は，どちらの方向性も考えられるものですから，豆知識としてこの特徴を知っておいてもよいかもしれません。

7.3　線形モデルの展開：一般線形モデル

　回帰分析について一通りの理解が得られたところで，今度はこのモデルがどのように展開していくかみていきましょう。

　回帰分析はある変数 X を説明変数，別の変数 Y を被説明変数と見立て，一次関数の形で関係を表現しようというモデルでした。また一次関数の係数を求めるときに，最小二乗基準や最尤法といった基準を考え，推定値を求めるのでした。特に最尤法の場合は，「誤差は正規分布に従う」と考える確率的なモデルとして表現されていたことを思い出してください。

　また，説明変数が複数になると重回帰分析とよばれるのでした。これも一次関数モデルの拡張ではありますが，このあとさらにいろいろな拡張を考えていくことができます。ここで紹介するのは，一般線形モデル，一般化線形モデル，階層線形モデルとよばれるものです。

7.3.1　仮説検定とモデリング

　ところで本書は「統計的に有意かどうか」の判断を下す，いわゆる帰無仮説検

定についてはふれていません。ですが，推測統計学の領域ではまずこちらを学ぶことが多いかと思います。

　語弊がないように注意しながら簡単にこれを解説すると，2つ，あるいは3つ以上のグループにおいて統計量が得られたときに，群ごとの数値の違いに意味があるかどうかの判断を下す技術が，帰無仮説検定とよばれるものです。特に群間の平均値の差が検証の対象となり，t 検定や分散分析とよばれています。この手続きは非常に緻密に組み立てられていますので，詳細は他書に譲ります。ここでは，この有意味・無意味の判断をするためにいくつかの仮定を置き，背理法的に「ほら，こんなにも珍しいことが起こっているでしょう。だから誤差とか間違いなどではなくて，統計的に意味があるんですよ」という結論を導出する技術であるというにとどめましょう。

　本書が扱う多変量解析は，多くのデータを要約したり，因果的な説明モデルを当てはめて理解を進めようとするものです。これと，「群間の平均値に差がある」という判断をしようとする仮説検定は，まったく違う話のようではありますが，実は同じ枠組みで理解することができるのです。この枠組みのことを一般線形モデル（general linear model）といいます。

7.3.2　一般線形モデル

　例えばある量 Y について，2つの群の平均値に差があるかどうか，に興味があるとしましょう。推測統計学の考え方では，平均値の差を検定する，という言い方をしたりします。ではこれを多変量解析の側から考えるとどうなるでしょうか。これが2つの群ではなく，別の変数 X との関係で考えるというのであれば，$Y = aX + b$ の式を当てはめた回帰分析をする，というのが自然な応用例かと思います（図7.4）。これは変数 X が連続量，すなわちどこかで区分できる切れ目がない場合であって，2群の比較をするというのはこの X が2つの値しか取らない，特殊な場合だと考えることができるからです（図7.5）。

　実は，X が2つの値しか取らない特殊な場合も，$Y = aX + b$ の式を当てはめることができます。特に X の値を $X = \{0, 1\}$ の2値とすると，一方の群，すなわち $X = 0$ のときは $Y = a \times 0 + b = b$ であり，他方の $X = 1$ のときは $Y = a \times 1 + b = a + b$ という式になります。ここでは，一方の群の平均をベースライン（b）とし，他方の群平均はそれに a が加わったもの，と表現していることと同じですから（図7.6）。

　このようにして，回帰分析の特殊なケース，特に説明変数が離散変数になって

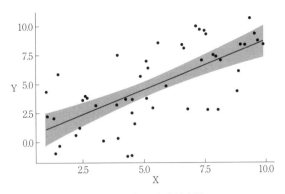

図 7.4 X も Y も連続変数

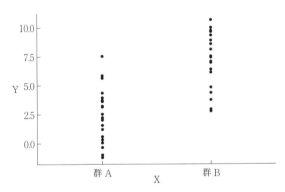

図 7.5 X が二値の特殊な場合

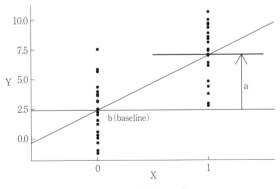

図 7.6 回帰式とモデル

いるケースとして，群平均の比較をとらえることができます。各群の中での散らばりは，この基本モデル，すなわち一方が平均 b，他方が平均 $a + b$ であるとするモデルにおける誤差だということができるでしょう。

帰無仮説検定の考え方は様々な前提が必要です。例えば2群の差の検定の場合は，各群が独立した正規分布からのサンプルであるということが，適切な検定の条件になります。そのうえで，母平均に差がないという帰無仮説を棄却したい，という説明の仕方をしていきます。モデルでいうと帰無仮説の「母平均に差がない」というのは，図7.6の傾きがゼロ，すなわち水平線であるという仮説を立てていることになります。この水平線モデルに比べて，実際の傾きが「偶然の範囲でありえるものかどうか」を検証していると言い直すこともできるのです。

このように，平均の差を比較したいというときであっても，説明変数と被説明変数の関係，回帰分析のモデルの中に含めることができます。今回は2つの群の例で示しましたが，3つ以上の群の比較や，2要因以上の比較であっても，基本的には回帰モデル，すなわち線形モデルの特殊ケースとして表現することができます。平均の差の検定は「線形モデル一般」の傘下に含めることができますから，これらをまとめて**一般線形モデル**とよびます。

7.4　一般化線形モデル

次に一般化線形モデルへと進みましょう。一般線形モデルと違うところ，日本語では「化」が入っているかどうかなので，ちょっと見ただけでは違いに気づかないかもしれません。英語では一般線形モデルを general linear model といい，一般化線形モデルは generalized linear model，とこちらでも gerneral と generalized の違いでしかありません。しかし，「回帰分析と平均の差の検定は一般（同じ）だ」というのとは違い，一般化線形モデルは「もっと用途を広めよう，汎用化しよう」という意味が含まれたものです。

では何をどのようにして一般化するのでしょうか。それは一般線形モデルに含まれていたある仮定を取り除き，一般的な表現にすることで実現されます。ではその含まれていた仮定とは何かというと，誤差が正規分布に従って生じるという，確率分布の話なのです。

t 検定や分散分析は，データが正規分布に従うことが前提条件だということでした。回帰分析においても，最尤推定法を使うのであれば誤差が正規分布に従うという仮定をおいて，推定していきます。

第 7 章　数理でみる回帰分析の特徴　139

　ここで正規分布の特徴を思い出してください。正規分布は左右対称で，理論的にはマイナス無限大からプラス無限大まで広がる分布です。身長や体重，学力や心理的な態度など，多くの要因が影響しあっているようなデータは自然と正規分布に従うことがわかっているため，こうしたデータを分析する場合は「正規分布に従う」という仮定はごく自然なものだといえます。

　しかし，例えば所得の分布などは左右対称ではありません。大きく左に歪んでいる，すなわち，所得の低い人の数が多く，所得が高い人の割合はごくわずかというのが実態です。他にも「困ったときに相談できる親友の数」を調査してみたりすると，ほとんどの人は数人程度をあげるだけで，数十人から数百人います，と答えるような人はめったにいないでしょう。しかもこの場合は負の数になるはずがありません（最低でも 0 人ですから）。

　こうしたデータを被説明変数にした回帰分析は，正規分布の仮定が不適切だということは明らかです。歪んだ分布や，負の数にならない分布などに対応した回帰分析を考える必要があります。ということで，そうした分布に合わせることができるように一般化しましょう，というのが一般化線形モデルの意味するところです。一般化線形モデルの下位モデルとして，正規分布を扱う一般線形モデルが含まれることになります。

　本書では特に，社会調査において利用されることの多いロジスティック回帰分析を例に説明してみましょう。

ロジスティック回帰分析

　社会調査においては，被説明変数が離散的なカテゴリであることが少なくありません。最終学歴について中卒，高卒，大卒以上，の 3 カテゴリで回答を求めたり，階層意識を下，中の下，中の中，中の上，上，のカテゴリで聞く，あるいは喫煙経験，飲酒習慣の有無を聞く，というような例もそうでしょう。

　これらの変数を被説明変数として普通の回帰分析，すなわち正規分布を仮定したモデルでの推定を行うと，不適切な結果が得られることになります。例えば 2 値の反応カテゴリをもつ変数に対して，普通の回帰分析を行うと図 7.7 のような回帰直線が得られます。

　回帰直線上の値が予測値 $\widehat{Y}$ ですが，その値が 1 以上だったり 0 以下になったりします。本来，被説明変数は 0 か 1，どちらかの数字でしか得られないのに，です。これでは正しく予測できているとはとてもいえませんね。

　そこで予測値 $\widehat{Y}$ が 0 から 1 の間に入るように，うまく調整してやることを考

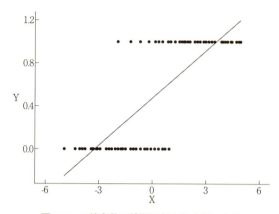

図7.7 二値変数に線形回帰を行う誤った例

えます。0から1の間に滑らかに変わる関数として、ロジスティック関数というのが知られています。ロジスティック関数は、

$$f(x) = \frac{1}{1 + exp(-x)}$$

で表される関数で[*1]、この関数を使って変形することで、説明変数の線型結合 ($a_1 X_1 + a_2 X_2 + \cdots + a_n X_n + b$) がどのような範囲にあっても、結果 $f(x)$ は0から1の間の数字になります（図7.8参照）。このように、求める結果の形に合わせるための変換関数のことを特に逆リンク関数といいます[*2]。

また、データは0か1かの2種類しかないので、この変換された値を0/1のどちらかに分類して出力する分布関数を考える必要があります。0か1かの2種類というのは、コインの表裏のようなものですから、もっとも基本的な分布関数の1つであるベルヌーイ分布がここでは適切です。

このように、分布関数を正規分布以外のものにまで拡張し、その際、確率分布関数のパラメータが求める条件に合うように（ここでは0から1の範囲に入るように）リンク関数で変換する。これが一般化線形モデルのやっていることです。実際の運用では、こういう結果変数のときは、こういう変換をして、この分布関数を使う、という対応がいろいろわかっているので、この対応関係さえ把握しておけばよいでしょう（表7.2）。

表7.2の1行目は、これまで説明してきたいわゆる回帰分析のことです。2行

[*1] ここで exp は自然対数 e の何乗になっているか、を表しています。
[*2] 被説明変数を変換し説明変数の線型関数につなげるとき、その変換関数をリンク関数といいます。ここでは説明変数の側を変換するので「逆」リンク関数といいます。

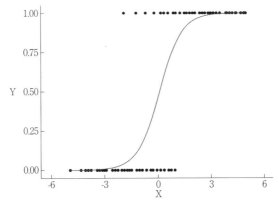

図 7.8　ロジスティック関数

表 7.2　分布関数と変換関数の対応

被説明変数	変換	確率分布
量的	使わない（恒等式）	正規分布
二値	ロジット	ベルヌーイ分布
カウント変数	対数関数	ポアソン分布
順序	プロビット	カテゴリカル分布
名義的	ソフトマックス*	カテゴリカル分布

＊ソフトマックス変換は逆リンク関数です。

目以降にあるように，正規分布以外に様々な分布を使えるようにしたこと，これが一般「化」線形モデルという表現のポイントです。

　一般化線形モデルを使うにあたって重要なポイントを2つ，注意喚起しておきましょう。

　1つは，変換関数を経由しない普通の回帰分析と違って，回帰係数を解釈するときにも関数を経由する必要があることです。例えば回帰分析では，$Y = aX + b$ の説明変数 X が1単位増加すれば，Y は a だけ増加する，というような解釈ができました。しかしそれ以外は，説明変数の変化も変換関数を経由して結果に影響してきますので，例えばロジスティック回帰分析の場合，X が1単位増加すれば Y は $exp(a)$ 倍増加する，というような読み取り方をしなければなりません。

　もう1つ。かつては正規分布による回帰分析をするために，データのほうを変換するということが行われていました。例えば所得は対数正規分布のような形をしているので，データを対数変換してから普通の回帰分析を行う，というような「事前処理」が行われていたのです。しかし，一般化線形モデルが登場してからは，

142　第Ⅲ部　数式で理解する

データの変換をするのではなく，説明変数の線型結合式をリンク関数で変換して分析に用いる，というやり方が主流になっています。このほうがより一般的な手続きとして統一できるし，最尤推定法の考え方とも合致するからです。さらに，ベイズ統計学的なアプローチでは「データがどのようなメカニズムで生成されるか」ということを考えるため，生成されたデータを変換するより，メカニズムの出力形式を変換する方が考え方の筋道に合致するのです。得られたデータは変換せずに，モデルのほうで工夫する，という考え方に変わってきたといえるでしょう。

7.5　階層線形モデル

　最後に回帰分析のさらなる発展形として，階層線形モデルについて説明しておきます。

　階層線形モデル（hierarchical liner model: HLM）は，マルチレベル分析ともよばれることがあります。階層やレベルという言葉にあるように，このモデルが扱うのは個人とその人の属している集団，というように2つ以上のレベルが想定されるデータ（表7.3）です。

　例えばある個人 a が学校 A に通っていて，別の個人 b が学校 B に通っていたとします。このとき，2人に同じテストをして成績が異なっていたとしたら，それは学校の違いが関係あるのでは，と考えたくなるのは自然な考えではないでしょうか。そこで学校のデータを集めてきたとします。学校 A は公立で，1クラス45人，宿題の量は少ない学校でした。学校 B は私立で1クラス30人，宿題はたっぷり出る校風でした。というようなことがわかってくれば，いよいよ個人 a, b の成績を比較するのは難しくなります。宿題の量による影響を加味して，分析をする必要がありそうです。

表7.3　マルチレベル・データ

| 個人のデータ | | 学校のデータ | | |
ID	テストの成績	公／私	一クラスの人数	宿題
1	71	公	45	少
2	63	公	45	少
3	32	公	45	少
⋮	⋮	⋮	⋮	⋮
101	71	私	30	多
102	64	私	30	多
103	70	私	30	多
⋮	⋮	⋮	⋮	⋮

ところで，学校 A の生徒 a_1, a_2, ……，a_n と学校 B の生徒 b_1, b_2, ……，b_n の成績は，1 人ひとり全部違うでしょう。一方で，学校 A の宿題が多い，B が少ない，というデータはどの生徒にとっても学校ごとに同じです。つまり学校 A の生徒の宿題は多，多，……，多，学校 B の生徒の宿題は少，少，……，少，なのです。このとき，テストの点数「a_j, b_k」と宿題の量「多，少」を直接比較するのは難しいですね。個人を表した数値か，集団を表した数値か，という意味で"レベル"が違うからです。個人レベルのデータは，例えば学校 A で 50 人分集めました，ということができますが，集団レベルの数字としては，この 50 人は全員同じ学校 A の特徴をもつことになります。同じレベルにしてしまうと，同じ情報が水増しされて使われるようなもので，これは適した使い方とはいえません。

こういった異なるレベルを考えるとき，例えば一番簡単なのは，学校ごとに分析する，ということです。学校 A の回帰分析，学校 B の回帰分析，とすれば係数を比較できます。しかしこれでは統一的な情報は得られません。共通するところは共通するもの，として分析したいということもあるでしょう。あるいは，学校が 2 校だけでなく，10 や 20，50，100 ……と調査の規模が大きくなると，すべての回帰係数を考えるのはあまりにも大変です。

そこでマルチレベルモデルの登場ということになります。マルチレベルモデルは回帰分析の発展系なので，落ち着いて考えればおそるるに足りません。回帰分析は $Y = aX + b$ で表現される線形関数だったのでした。そこで例えば，グループレベルの違いは平均値の違いだけだと仮定すれば，この式にグループレベルの定数項 c_j を加えてやればよいことになります。すなわち，

$$Y_i = aX_i + b + c_j$$

となります。ここで，i は個人を表す添え字，j はグループを表す添え字です[*3]。

しかしもちろん，係数 a のほうがグループごとに違う，ということもあるかもしれません。そういうときは $Y = a_j X_i + b$ というモデルを考えることになります（図 7.9）。これもマルチレベルモデルの 1 種です。

ここまでくると，できるなら傾きと切片の両方が違うことを考えたい，と思う人も出てくるでしょう。もちろんそれも可能です。さらに，係数 a はグループレベルの変数によって予測される値，すなわち $a = \alpha x + \beta$ といった関係が考えられるとしたらどうでしょうか。グループレベルでの関係と，個人レベルでの関係 $Y = aX + b$ が同時に成立するとしたら，といったことも考えてみるのです。実

---

*3　この考え方は，共分散分析とよばれるものと同じです。

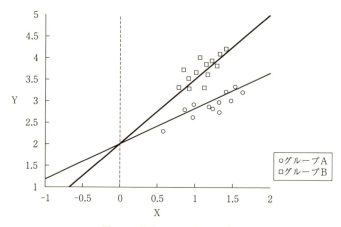

図7.9 傾きだけが違うモデル

はこれがマルチレベルモデルの一般的な表現の仕方で，数式で表記すると次のようになります．

$$Y_{ij} = \beta_{0j} + \beta_{1j}X_{ij} + r_{ij}$$
$$\beta_{0j} = \gamma_{00} + \gamma_{01}W_j + u_{0j} \quad [7.13]$$
$$\beta_{1j} = \gamma_{10} + \gamma_{11}W_j + u_{1j}$$

ここで，i は個人ID，j はグループを表す添え字です．最初の式は，Y_{ij} を個人レベルの被説明変数とし，それに個人レベルの予測変数 X_{ij} を使って回帰分析をしていることになります．傾きの係数は β_{1j}，切片は β_{0j} で表しました．この2つの係数が，集団レベルの変数 W_j によって回帰されるのが次の2つの式で，それぞれ傾き γ_{01}，γ_{11} と切片 γ_{00}，γ_{10} からなることがわかります．r_{ij} と u_{0j}，u_{1j} はそれぞれの回帰でどうしても説明できない残余部分です．

このように，複数のレベルを想定し，個人は個人のレベルで，集団は集団のレベルで連立した回帰分析が行われるのがマルチレベルモデル，階層線形モデルとよばれるものです．このレベルの設定は，個人と集団でもよいし，個人内での反復データでもかまいません．例えば春，夏，秋，冬とテストをした場合のデータというのが大量にあれば，各テストの点数が下位のレベル，上位のレベルが個々人の特徴，というようにみて分析することもできます．

この方法が特に有用になってくるのは，大規模な調査を行ったときです．例えば冒頭の学校の例であれば，2つの学級に従来通りの分析をそれぞれ行って，数値の中から何とか統合的な解釈を見つけることは不可能ではないかもしれません．しかし例えば，47都道府県それぞれから30人ずつデータを取ってきたデータの

ような場合はどうなるでしょうか。47 個の回帰分析の中から統合的な解釈を見つけ出すのは，かなり骨が折れるに違いありません。1 つの回帰分析には切片と，説明変数の数だけ回帰係数が含まれているからです。

階層線形モデルの，集団のレベルでの式をもう一度見てみましょう。集団レベルでの切片 β_{0j} は，それを説明する構造（$\gamma_{00} + \gamma_{01}W_j$）と，説明できない誤差（$u_{0j}$）から構成されていることがわかります。この「構造」のところは 47 都道府県に共通するものなので，ここが解釈できればよく，47 の係数を見るのではなくこの式 1 つを解釈すればよいということで，非常に効率よく説明することができるようになるわけです。

社会を対象に個人からデータを集める，社会調査という枠組みの中では，今後どんどん使われることになる分析法であることは間違いないでしょう。

線形モデルの確率表現

最尤法の説明（節 6.2）に表したように，回帰分析を確率モデルとして考えると，$Y_i = aX_i + b + e_i$ は，$Y_i \sim N(aX_i + b, \sigma^2)$ と表すことができます。この $\sim N(\mu, \sigma^2)$ という書き方は，左辺が正規分布（Normal）に従う，という意味であり，正規分布の特徴は平均 μ と分散 σ^2 で特徴づけられる，ということを表しているのでした。

改めてこの式を見てみると，正規分布の平均値パラメータ μ が $aXi + b$ という式で表現されていることがわかります。この式は，a, b さえ求まれば定数として算出できます。誤差がなければ，データは完全にこの予測式で説明できるはずなのです。これに誤差 e_i が，平均を中心に分散 σ^2 で付随したのが実際のデータ，ということになります。

もう少し抽象的にいうと，確率モデルで表現するということはつまり，

　　　実現値～確率分布（パラメータ）

という関係にあるということです。確率分布はパラメータで形状が決まりますが，その形から出てくる確率変数の実現値，確率分布から出てくる数字がどんな数字かは，確率的にしか決まらないよ，ということです。

つまり，**確率分布は実現値生成マシーン**なのです。そのマシーンにも設計図，あるいはデータ生成の調節つまみがあります。それがパラメータとよばれるものです。正規分布は平均 μ，分散 σ^2 という 2 つのパラメータをもつ実現値生成マシーンなのです。ロジスティック回帰分析のときに出てきたベルヌーイ分布は平均パラメータ θ だけをもつマシーンです。ポアソン分布も平均パラメータ 1 つ，負

146   第Ⅲ部　数式で理解する

の二項分布は平均パラメータと分散パラメータの２つをもつ，実現値生成マシーンです。

　この（平均）パラメータが数式で表現される，というのが確率モデルの特徴です。平均的に $aX_i + b$ の実現値が得られるはずだ，というのが回帰分析の確率モデルが示していることなのです。一般化線形モデルは，この実現値生成マシーンを，正規分布以外にも使えるようにしましょうという考え方であり，パラメータの範囲には決まりがあるから（例えばベルヌーイ分布は０から１の範囲まで），その範囲に合うように式を変形してあげましょう，というのがリンク関数の考え方である，と理解することができます。

階層線形モデルの確率表現

　階層線形モデルでは，２つのレベルでの回帰モデルを考えるのでした。この回帰モデルを確率的に表現することを考えます。

　個人レベルの実現値 $Y_{ij} = \beta_{0j} + \beta_{1j}X_{ij} + r_{ij}$ は，r_{ij} が説明できない誤差の部分ですから，

$$Y_{ij} \sim N(\beta_{0j} + \beta_{1j}X_{ij}, \sigma_{ij}^2)$$

といえるでしょう。平均が $\beta_{0j} + \beta_{1j}X_{ij}$ で，それで説明できない分が，誤差 $N(0, r_{ij}^2)$ で生じているのです。

　さらに，係数が上のレベルで説明されるのであるから，同様に，

$$\beta_{0j} \sim N(\gamma_{00} + \gamma_{01}W_j, \tau_{0j}^2)$$
$$\beta_{1j} \sim N(\gamma_{10} + \gamma_{11}W_j, \tau_{1j}^2)$$

と書くことができます。つまり，複数の群の平均構造とその誤差，という形で解釈することができるのです。先ほど示した「47の係数を見るのではなくこの式１つを解釈すればよい」というのは，群全体の平均的傾向に情報をまとめることができるよ，という意味でもあります。このことからもまた，階層線形モデルを適用する際は，２，３群の階層性ではなく，数十，数百の群があるときにこそ本領を発揮するということがわかるでしょう。

階層線形モデルとベイズ推定

　一般化線形モデルで様々な分布が扱えるようになったこと，階層線形モデルも確率モデルで表現できること，この２つを組み合わせると，様々な分布による階層モデルを考えることができるようになります。

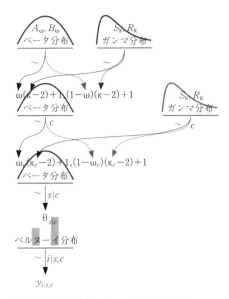

図7.10 複雑な階層性を持ったモデル図の例 (Kruschke, 2014)

　例えば，実現値 Y_{ij} は0/1の2値しか取らないデータ（ベルヌーイ分布）ですが，それを説明するパラメータ θ の構造式の係数はガンマ分布に従っていて……というような組み合わせを考えることもできるわけです。

　考えることができても，実際計算できなければ絵に描いた餅，ということにもなりかねません。実は最尤推定をしようとすると，こうした階層性のあるモデルでは答えが得られないことも少なくありませんでした。というのも，分布に分布を組み合わせたようなモデルを計算するのは，大変複雑なものになるからです（図7.10）。

　しかし，最尤推定ではなくベイズ推定をすることを考えれば，MCMC法による近似で答えが得られます。ベイズ推定が隆盛しているのは，こうした複雑なモデルを解くためには今のところこの方法しかない，という側面もあるからです。

引用文献

Kruschke, J. (2014). *Doing Bayesian date analysis: A tutorial with R, JAGS, and Stan.* Academic Press.／前田和寛・小杉考司（訳）(2017). ベイズ統計モデリング―R, JAGS, Stanによるリュートリアル　共立出版

148 第III部 数式で理解する

第8章

多変量解析の数理1：行列の基礎

さて，ここからはさらに深い理解をするため，数学的な知識の準備を行います。多変量解析の数理を理解するためには，ベクトルと行列についての知識が必要です。これは，数学的には代数，特に線形代数とよばれる分野に属するものになります。中でもベクトルと行列については，数学全体の歴史でみると比較的新しいもので，数の関係を「うまく表すための技法」として生まれたともいえるでしょう。代数はその名の通り，数の代わりに文字を使い，方程式を解くことが目的です。しかし変数が多くなってくると，どうしても表記が煩雑になりがちです。そこで変数や係数とよばれるものをまとめて一度に表現したい，という必要性から生まれたのが行列の考え方だと思ってください。

つまり，これらの技法は「慣れてしまえばそのほうが簡単」という技術です。慣れないうちは，どうしてこんな不便なことをするのかと思うかもしれません。あるいはどうしてそのような作法があるのか，直感的に理解できないというところもあるかもしれません。しかし，お箸のもち方やお茶碗のもち方なども，最初はどうしてこんな不便で面倒なやり方をするのか，と思ったのではないでしょうか。そして今ではきっと，その作法に従うほうが綺麗に美味しく食べられることも知っていると思います。そんなつもりで，線形代数の作法を学んでいきましょう。

8.1 ベクトルと行列の直観的理解

次のパズル（のようなもの）を見てください（図8.1）。何やら＋や×，＝といった数学記号が入ってはいますが，このパズルの法則性はわかりますか？(a) から (c) までは「足しても形が変わらない」ということを表しているようですね。(d) は色の濃さの問題で，掛け算記号がついていますから，色が映ったよ

うになっています。

　(e) と (f) は一番意味がわかりにくいところかと思います。(e) は横に長い長方形と縦に長い長方形を掛けると，小さな正方形ができました。しかし，(f) は順番を変えて縦に長い長方形と横に長い長方形を掛けると，大きな正方形になっています。

　なぜそうなるか，というのを横に置いて，自分なりにこのルールを理解するイメージを作ってみてください。筆者は図8.2のように，左の棒が右の棒の中を通過していった後，塗りつぶされた領域ができるようなイメージとしてとらえています。

　結局「なんだこれは？」と思うかもしれませんが，実はこれがベクトルや行列計算のルールをイメージ化したものなのです。なぜこのようなルールなのかは，ここでは問題にしません。これは「このようにするよ」というお作法だからです。ただ，直観的にこのように計算するのだというイメージをもって欲しいのです。

　行列演算を考えるコツは，そのサイズ感をとらえることにあります。図8.1の

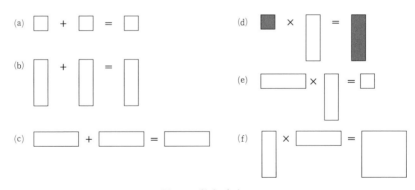

図8.1　数字パズル？

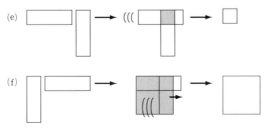

図8.2　「トコロテン」のイメージ1

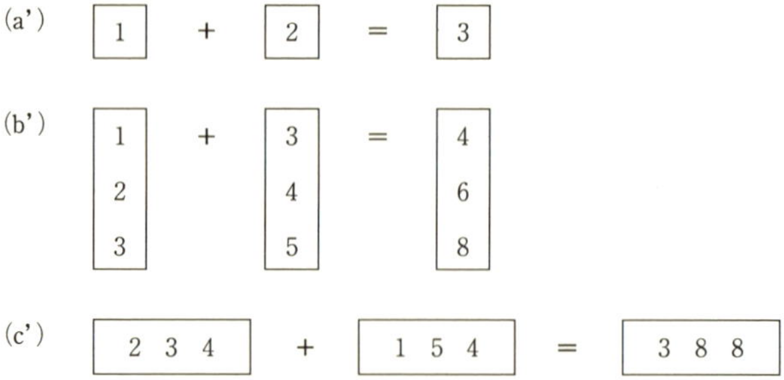

150　第Ⅲ部　数式で理解する

(a')　$\boxed{1}$ ＋ $\boxed{2}$ ＝ $\boxed{3}$

(b')　$\boxed{\begin{matrix}1\\2\\3\end{matrix}}$ ＋ $\boxed{\begin{matrix}3\\4\\5\end{matrix}}$ ＝ $\boxed{\begin{matrix}4\\6\\8\end{matrix}}$

(c')　$\boxed{2\ 3\ 4}$ ＋ $\boxed{1\ 5\ 4}$ ＝ $\boxed{3\ 8\ 8}$

図8.3　ベクトルのイメージ図

(a) 〜 (c) のように，足したり引いたりしてもサイズは同じ，(e) や (f) のように掛け算になるとサイズが変わる，しかも順序を変えると形が変わる，というところがトリッキーなところです。

さて，図に表していた四角い正方形や長方形ですが，これはベクトルのサイズ感をつかんでもらおうと表現したものです。実際の計算に際しては，この中に数値が入っているものを扱います（図8.3）。

実際にユーザーとして線形代数に関わるときは，極端な話，上のような大きさのイメージさえ理解しておけば十分なのです。このとき大事なのは，小さな正方形，縦の長方形，横の長方形，大きな正方形がそれぞれ何を表していたか，そして演算（加減乗除）の結果，どのような形に変わるか，ということだけなのです。

イメージをつかんだところで，実際に数字で考えていくことにしましょう。

8.2　ベクトルと行列の計算ルール

8.2.1　ベクトルと行列

ここではきちんと数字を使って，ベクトルと行列の説明をしていきます。とはいえ，多変量解析の文脈で使うものに絞って解説しますので，より一般的な線形代数の知識については，数学の専門書にあたってください。

■**行列**　行列とは数を長方形に並べたものです。行列として並べられた数を成分といい，成分の横の並びを行，縦の並びを列とよびます。

○行列

$$
A = \begin{pmatrix}
a_{11} & a_{12} & \cdots & a_{1m} \\
a_{21} & a_{22} & \cdots & a_{2m} \\
\vdots & \vdots & \ddots & \vdots \\
a_{n1} & a_{n2} & \cdots & a_{nm}
\end{pmatrix}
$$

　この例は，n 行 m 列の行列を表しています。行列やベクトルを表す場合は，アルファベットを太字にするのが慣例です。成分を表す文字は，一般に a_{ij} のように，はじめの添え字で行番号，次の添え字で列番号を表します。行列の大きさは行数と列数とによって，$n \times m$ のように表現します。n と m が同じ，つまり行数と列数が同じであれば，これを特に正方行列といいます。先ほどのイメージ図で，大きな正方形として描かれていたのは，正方行列のことだったのです。

■**特殊な正方行列**　正方形の形をしている正方行列の中でも，特殊なものがあるので少し紹介しておきます。

　まず，i 行 j 列目の値が j 行 i 列目の値と同じである行列（$a_{ij} = a_{ji}$）です。これは**対称行列**といいます。すべての変数についての相関係数を表した相関行列は，対称行列になります。$r_{ij} = r_{ji}$ だからです。

○相関行列

$$
R = \begin{pmatrix}
1 & r_{12} & \cdots & r_{1n} \\
r_{21} & 1 & \cdots & r_{2n} \\
\vdots & \vdots & \ddots & \vdots \\
r_{n1} & r_{n2} & \cdots & 1
\end{pmatrix}
$$

　また，正方行列の中でも特に，対角項に 1，対角項以外は 0 があるものは単位行列とよびます。

○単位行列

$$
I = \begin{pmatrix}
1 & 0 & \cdots & 0 \\
0 & 1 & \cdots & 0 \\
\vdots & \vdots & \ddots & \vdots \\
0 & 0 & \cdots & 1
\end{pmatrix}
$$

152   第Ⅲ部　数式で理解する

　これは後ほど，掛け算をするときに「掛けても変わらない状態」を表すために
用いられます。

■ベクトル　行列の中でも特殊なものとして，行数が1，あるいは列数が1のも
のを特にベクトルといいます。例えば，行ベクトルとは，

○行ベクトル
$$\boldsymbol{a} = (a_1 \ \ a_2 \ \ \cdots \ \ a_m)$$

で表し，列ベクトルは，

○列ベクトル
$$\boldsymbol{b} = \begin{pmatrix} b_1 \\ b_2 \\ \vdots \\ b_m \end{pmatrix}$$

と表します。先ほどのイメージ図における，縦や横の長方形は，ベクトルを表し
ていたのです。

　行数も列数も1であるもの，つまり行列でない一般的な数字は，特にスカラー
とよびます。係数や個々の成分はすべてスカラーで，行列を学ぶまではスカラー
の計算だけを考えてきたわけですが，行列の観点からすると最も小さな行・列サ
イズのものがスカラーということになります。先ほどのイメージ図における，小
さな正方形がスカラーのイメージです。

8.2.2　行列の四則演算

　行列の四則演算は，通常のスカラーのそれとは異なる部分があるので注意が必
要です。以下は図8.1をイメージしながら読み進めてください。

■加法・減法　まずは足し算（加法），引き算（減法）です。これはそれぞれ対応
する位置にある成分を加え合わせる（減じる）ことで表されます（図8.1の（a）
～（c）のイメージです）。

第8章 多変量解析の数理1 153

○行列の加（減）法

$$A + B = \begin{pmatrix} a_{11} + b_{11} & a_{12} + b_{12} & \cdots & a_{1m} + b_{1m} \\ a_{21} + b_{21} & a_{22} + b_{22} & \cdots & a_{2m} + b_{2m} \\ \vdots & \vdots & \ddots & \vdots \\ a_{n1} + b_{n1} & a_{n2} + b_{n2} & \cdots & a_{nm} + b_{nm} \end{pmatrix}$$

　これからわかるように，行列の加法，減法は大きさの等しい行列でないと成り立ちません。サイズが違うものを足そうとすると，演算できない箇所が出てしまうのです。このように行列では，「計算できない」という状態になることが少なからずあります。行列のサイズに注意が必要，ということがわかってもらえるかと思います。

例11 数値例1：行列の加（減）法

$$\begin{pmatrix} 1 & 2 \\ 3 & 4 \end{pmatrix} + \begin{pmatrix} 5 & 6 \\ 7 & 8 \end{pmatrix} = \begin{pmatrix} 1 + 5 & 2 + 6 \\ 3 + 7 & 4 + 8 \end{pmatrix} = \begin{pmatrix} 6 & 8 \\ 10 & 12 \end{pmatrix}$$

■**乗法**　続いて掛け算です。まずスカラーと行列の積を見てみましょう。これはイメージ図8.1の（d）にあるように，全体に広がるイメージです。

○スカラーと行列の積

$$\lambda A = A\lambda = \begin{pmatrix} \lambda a_{11} & \lambda a_{12} & \cdots & \lambda a_{1m} \\ \lambda a_{21} & \lambda a_{22} & \cdots & \lambda a_{2m} \\ \vdots & \vdots & \ddots & \vdots \\ \lambda a_{n1} & \lambda a_{n2} & \cdots & \lambda a_{nm} \end{pmatrix}$$

　実際の計算は，各成分をスカラー倍すればよいだけですので，比較的簡単ですね。

例12 数値例2：スカラーと行列の積

$$2 \times \begin{pmatrix} 1 & 2 \\ 3 & 4 \end{pmatrix} = \begin{pmatrix} 2 \times 1 & 2 \times 2 \\ 2 \times 3 & 2 \times 4 \end{pmatrix} = \begin{pmatrix} 2 & 4 \\ 6 & 8 \end{pmatrix}$$

　次はベクトルとベクトルの掛け算です。これは形が変わってしまうので，注意が必要です。まずは行ベクトルに列ベクトルを掛ける例からみていきましょう（図8.1（e））。

154 第Ⅲ部 数式で理解する

○行ベクトルと列ベクトルの積1

$$\boldsymbol{ab} = (a_1 \ \ a_2 \ \ \cdots \ \ a_n) \begin{pmatrix} b_1 \\ b_2 \\ \vdots \\ b_n \end{pmatrix} = \sum_{j=1}^{n} a_j b_j$$

　掛け算なのですが，足し合わせるという計算プロセスが入り込んでいるので，結果はスカラーになります。掛け算なのにどうして足し算の要素が入るんだ，というクレームは，今はなしです。このように計算することに決めたことで，あとあと便利なことが出てきますから，作法にまず慣れてからにしましょう。ここで注意して欲しいのは，両方のベクトルのサイズが同じ（$1 \times n$ ベクトルと，$n \times 1$ ベクトル，いずれもサイズは n）ということです。サイズが違うと，演算が対応しない要素が出てくるので，計算できない，が答えになります。

例13 数値例3：行ベクトルと列ベクトルの積1

$$(1 \ \ 2 \ \ 1) \begin{pmatrix} 3 \\ 4 \\ 2 \end{pmatrix} = 1 \times 3 + 2 \times 4 + 1 \times 2 = 13$$

　今度は向きを変えて，列ベクトルに右から行ベクトルを掛けてみましょう（図8.1（f））。

○行ベクトルと列ベクトルの積2

$$\boldsymbol{ab} = \begin{pmatrix} a_1 \\ a_2 \\ \vdots \\ a_n \end{pmatrix} (b_1 \ \ b_2 \ \ \cdots \ \ b_n) = \begin{pmatrix} a_1 b_1 & a_1 b_2 & \cdots & a_1 b_n \\ a_2 b_1 & a_2 b_2 & \cdots & a_2 b_n \\ \vdots & \vdots & \ddots & \vdots \\ a_n b_1 & a_n b_2 & \cdots & a_n b_n \end{pmatrix}$$

　今度は行列になりました。掛ける順番が変わるとサイズが変わる（ここでは，上の例では 1×1 のサイズ，下の例では $n \times n$ のサイズ）ことに注意してください。スカラーの計算では順番を入れ替えても，例えば $2 \times 3 = 3 \times 2$ のように同じ答えになりましたが，行列の場合は必ずしもそうはならない，ということです。

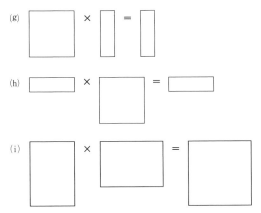

図 8.4 行列とベクトル，行列と行列の積イメージ

例14 数値例4：行ベクトルと列ベクトルの積2

$$\begin{pmatrix} 1 \\ 2 \\ 1 \end{pmatrix}(3 \ 4 \ 2) = \begin{pmatrix} 1\times 3 & 1\times 4 & 1\times 2 \\ 2\times 3 & 2\times 4 & 2\times 2 \\ 1\times 3 & 1\times 4 & 1\times 2 \end{pmatrix} = \begin{pmatrix} 3 & 4 & 2 \\ 6 & 8 & 4 \\ 3 & 4 & 2 \end{pmatrix}$$

行列とベクトルの積や，行列と行列の積はこの応用になってきます。先にイメージを見てから，個々の計算方法を見ることにしましょう。

図 8.4 のイメージを念頭に置きつつ，行列とベクトルの積を考えていきましょう。まず行列に列ベクトルを右から掛けます。結果は列ベクトルになります（図 8.4 (g)）。

〇行列とベクトルの積1

$$\boldsymbol{Ab} = \begin{pmatrix} a_{11} & a_{12} & \cdots & a_{1m} \\ \vdots & \vdots & \ddots & \vdots \\ a_{n1} & a_{n2} & \cdots & a_{nm} \end{pmatrix} \begin{pmatrix} b_1 \\ b_2 \\ \vdots \\ b_m \end{pmatrix} = \begin{pmatrix} \sum\limits_{j=1}^{m} a_{1j}b_j \\ \sum\limits_{j=1}^{m} a_{2j}b_j \\ \vdots \\ \sum\limits_{j=1}^{m} a_{nj}b_j \end{pmatrix}$$

ここでも掛け算なのに足し算のプロセスが入ってきています。注意深く記号を読んでみてください。

例15 数値例5：行列とベクトルの積1

$$\begin{pmatrix} 1 & 2 \\ 3 & 4 \end{pmatrix} \begin{pmatrix} 2 \\ 1 \end{pmatrix} = \begin{pmatrix} 1 \times 2 + 2 \times 1 \\ 3 \times 2 + 4 \times 1 \end{pmatrix} = \begin{pmatrix} 4 \\ 10 \end{pmatrix}$$

今度は行列に行ベクトルを左から掛けましょう。結果は行ベクトルになります（図 8.4 (h)）。

○行列とベクトルの積2

$$\boldsymbol{cA} = \begin{pmatrix} c_1 & c_2 & \cdots & c_n \end{pmatrix} \begin{pmatrix} a_{11} & a_{12} & \cdots & a_{1m} \\ \vdots & \vdots & \ddots & \vdots \\ a_{n1} & a_{n2} & \cdots & a_{nm} \end{pmatrix} = \begin{pmatrix} \sum_{j=1}^{n} a_{j1}c_j & \sum_{j=1}^{n} a_{j2}c_j & \cdots & \sum_{j=1}^{n} a_{jm}c_j \end{pmatrix}$$

例16 数値例6：行列とベクトルの積2

$$\begin{pmatrix} 1 & 3 \end{pmatrix} \begin{pmatrix} 1 & 0 \\ 2 & 3 \end{pmatrix} = \begin{pmatrix} 1 \times 1 + 2 \times 3 & 1 \times 0 + 3 \times 3 \end{pmatrix} = \begin{pmatrix} 7 & 9 \end{pmatrix}$$

ところでこの逆，つまり行列に左から列ベクトルを掛けるとか，右から行ベクトルを掛ける例を示さなかったのは，それが計算できないからです。頭の中では，左側にくるものが，右側のフィルターを通って残ったものが答えになる，というトコロテンのようなイメージ（図 8.5）で考えてみてはどうでしょうか[1]。

さて，最後に行列と行列の積を考えます。行列 A と B の積が成立するのは，前者の列数と後者の行数とが等しいときに限られます。行列 A を $n \times m$，行列

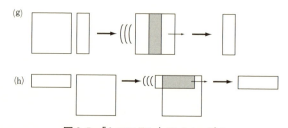

図 8.5 「トコロテン」のイメージ 2

---

[1] あくまでもこれは筆者のイメージで，読者の皆さんに強制するものではありません。筆者もいろいろなところで線形代数を教えてきましたが，受講生の中にはスペシウム光線を出すようなポーズをとってから右ひじを叩いたり，右大臣と左大臣がうちわで仰ぎあったりするイメージを念頭において理解している，という人がいました。もちろん彼らの頭の中では何をどうイメージしていたのか，私にはピンときませんでした。

B を $m \times l$ とすると,その積は $n \times l$ の行列になります。計算手続きは,次のようになります(図8.4(i))。

○行列どうしの積

$$AB = \begin{pmatrix} a_{11} & a_{12} & \cdots & a_{1m} \\ \vdots & \vdots & \ddots & \vdots \\ a_{n1} & a_{n2} & \cdots & a_{nm} \end{pmatrix} \begin{pmatrix} b_{11} & b_{12} & \cdots & b_{1l} \\ \vdots & \vdots & \ddots & \vdots \\ b_{m1} & b_{m2} & \cdots & b_{ml} \end{pmatrix} = \begin{pmatrix} \sum_{j=1}^{m} a_{1j}b_{j1} & \cdots & \sum_{j=1}^{m} a_{1j}b_{jl} \\ \vdots & \ddots & \vdots \\ \sum_{j=1}^{m} a_{nj}b_{jn} & \cdots & \sum_{j=1}^{m} a_{nj}b_{jl} \end{pmatrix}$$

どうにもこれはややこしいかもしれません。足し算や掛け算が入り乱れるし,計算途中でどの要素を計算しているか混乱しやすいからです。ベクトルと行列の積のときのように,前の行列の要素は右に進み,後ろの行列の要素は縦に進みますから,左手と右手で違う図形を描く認知課題のように,そもそも混乱しやすい作業なのです。

しかし,2つほど注意をすると,間違いにくくなります。1つは積によって得られる結果の行列サイズを意識することです。先ほど,前の行列の列数と,後ろの行列の行数が同じでないと計算ができないといいました。つまり,$n \times m$ 行列と $m \times l$ 行列でないと計算できない(m が共通)ということです。また,結果は $n \times l$ 行列になります。前の行列の行数,後ろの行列の列数が結果のサイズです。ここに注目しておくと,計算を始める前に,計算が可能かどうかと結果の行列サイズは想像がつくのです(図8.6)。

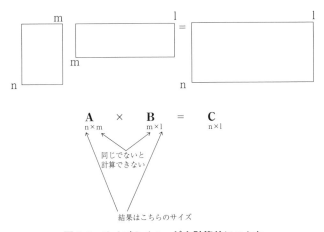

図 8.6 サイズのイメージを計算前につかむ

158　第III部　数式で理解する

　また，実際に計算する際は，前の行列に横の，後ろの行列に縦の補助線を入れるとわかりやすいかもしれません。こうすることで，間違えて計算を進めることがないようになるからです。

例17 数値例7：行列どうしの積

$$
\begin{pmatrix} 1 & 2 \\ 3 & 4 \\ 5 & 6 \end{pmatrix}
\begin{pmatrix} 0 & 1 & 1 \\ 1 & 0 & 1 \end{pmatrix} =
$$

$$
\begin{pmatrix}
1\times0+2\times1 & 1\times1+2\times0 & 1\times1+2\times1 \\
3\times0+4\times1 & 3\times1+4\times0 & 3\times1+4\times1 \\
5\times0+6\times1 & 5\times1+6\times0 & 5\times1+6\times1
\end{pmatrix}
=
\begin{pmatrix} 2 & 1 & 3 \\ 4 & 3 & 7 \\ 6 & 5 & 11 \end{pmatrix}
$$

■**転置**　次に転置を紹介します。これは計算の便宜上，よく使われる行列操作の1つです。大きさ $n \times m$ の行列 A における i 行 j 列成分を j 行 i 列成分とする $m \times n$ 行列のことを，元の行列 A の転置とよび，A' と表します。行列を転ばせたようなイメージですので，転置とよばれます。

○転置行列

$$
A = \begin{pmatrix}
a_{11} & a_{12} & \cdots & a_{1m} \\
a_{21} & a_{22} & \cdots & a_{2m} \\
\vdots & \vdots & \ddots & \vdots \\
a_{n1} & a_{n2} & \cdots & a_{nm}
\end{pmatrix}
$$

の転置 A' は，

$$
A' = \begin{pmatrix}
a_{11} & a_{21} & \cdots & a_{n1} \\
a_{12} & a_{22} & \cdots & a_{n2} \\
\vdots & \vdots & \ddots & \vdots \\
a_{1m} & a_{2m} & \cdots & a_{nm}
\end{pmatrix}
$$

です。

　ベクトルも転置することができ，行ベクトルを転置すると列ベクトルに，列ベクトルを転置すると行ベクトルになります。

第8章 多変量解析の数理1　159

○ベクトルの転置

$$\boldsymbol{a} = (a_1 \quad a_2 \quad \cdots \quad a_n) \quad \text{これを転置すると，} \quad \boldsymbol{a}' = \begin{pmatrix} a_1 \\ a_2 \\ \vdots \\ a_n \end{pmatrix}$$

また，転置には以下のような性質があります。これは知識として知っておくだけでよいでしょう。

○転置の性質

1. $(\boldsymbol{A}')' = \boldsymbol{A}$
2. $(\boldsymbol{A} + \boldsymbol{B})' = \boldsymbol{A}' + \boldsymbol{B}'$
3. $(\boldsymbol{AB})' = \boldsymbol{B}'\boldsymbol{A}'$
4. $(c\boldsymbol{A})' = c\boldsymbol{A}'$

■**逆行列**　最後に逆行列の話をします。逆行列は割り算のイメージです。ある行列にその逆行列を掛けると単位行列になる，つまり割ると1になるような行列のことです。

　正確に表現すると，ある正方行列 $\boldsymbol{A}$ に対し，$\boldsymbol{AX} = \boldsymbol{I}$ となるような行列 $\boldsymbol{X}$ が存在するとき，これを $\boldsymbol{A}$ の逆行列とよび，$\boldsymbol{A}^{-1}$ で表します。正方行列でない場合や，正方行列であっても逆行列が存在しない場合もありますが，存在すると計算がやりやすくなるのです。

　特に対角行列の逆行列は，対角成分の逆数をそれぞれ対角成分とする行列になります。

○対角行列の逆行列

$$\boldsymbol{D} = \begin{pmatrix} d_1 & 0 & \cdots & 0 \\ 0 & d_2 & \cdots & 0 \\ \vdots & \vdots & \ddots & \vdots \\ 0 & 0 & \cdots & d_n \end{pmatrix} \text{のとき，} \quad \boldsymbol{D}^{-1} = \begin{pmatrix} \dfrac{1}{d_1} & 0 & \cdots & 0 \\ 0 & \dfrac{1}{d_2} & \cdots & 0 \\ \vdots & \vdots & \ddots & \vdots \\ 0 & 0 & \cdots & \dfrac{1}{d_n} \end{pmatrix}$$

160   第III部 数式で理解する

8.3 行列を使うと便利なこと

　ここまでで行列の計算の話をしてきましたが，どこがよいのかいまひとつピン
とこない，という人もいるかもしれません。そこで最後にどうしてこのような計
算をするのか，何がよいのかを2つの方向から説明してみたいと思います。

8.3.1 行列と方程式

　線形代数は「便利な書き方」の学問です。便利な書き方をするためにルールが
作られていますから，ルールから学ぶと「なんでそんな変な操作をするんだ」と
いう気持ちになるのもわかります。

　では何が便利になるのでしょうか。これは方程式を解くことと関係があります。
例えば，以下のような連立方程式があったとしましょう。

$$\begin{cases} x - 2y - 5z = 3 \\ 5x + 4y + 3z = 1 \\ 3x + y - 3z = 6 \end{cases}$$

これは行列で表現すると，

$$\begin{pmatrix} 1 & -2 & -5 \\ 5 & 4 & 3 \\ 3 & 1 & -3 \end{pmatrix} \begin{pmatrix} x \\ y \\ z \end{pmatrix} = \begin{pmatrix} 3 \\ 1 \\ 6 \end{pmatrix}$$

となります。この左辺を行列とベクトルの式の計算ルールにのっとって展開して
みると最初の連立方程式の左辺になることがわかると思います。掛けて足して，
という面倒な計算ルールは，連立方程式を簡単に表記するためのものだったので
すね。

　最終的にはこの方程式を解いて，

$$\begin{pmatrix} 1 & -2 & -5 \\ 5 & 4 & 3 \\ 3 & 1 & -3 \end{pmatrix} \begin{pmatrix} x = -1 \\ y = 3 \\ z = -2 \end{pmatrix} = \begin{pmatrix} 3 \\ 1 \\ 6 \end{pmatrix}$$

が答えになります。

　皆さんも学校で習ったように，このような連立方程式を解く方法として，加減
法や代入法というのがあります。ですがここは1つ，行列を使った解法を考えて
みましょう。

　そのような解法の1つ，消去法は，1つの方程式を何倍かして，他の方程式に
加えることにより，方程式をどんどん簡単にしていくというものです。

第8章　多変量解析の数理1　　161

○ガウスの消去法

　まず，第1の式を5倍，あるいは3倍して，第2，第3の式からxの項を消去します。

$$\begin{cases} x - 2y - 5z = 3 \\ -14y - 28z = 14 \\ -7y - 12z = 3 \end{cases}$$

第2の式の係数を簡単にしておきましょう。

$$\begin{cases} x - 2y - 5z = 3 \\ y + 2z = -1 \\ -7y - 12z = 3 \end{cases}$$

第2の式を7倍して，第3の式からyを消去します。

$$\begin{cases} x - 2y - 5z = 3 \\ y + 2z = -1 \\ 2z = -4 \end{cases}$$

あとはこれの3行目から$z = -2$が得られ，芋づる式に$x = -1$，$y = 3$が得られました。

　この操作は，式を1本ずつ，あるいは2つの式を組み合わせて文字を消していく消去法を係数全体に行う操作になっています。実際，ここで操作される係数だけ見ていくと，まず，

$$\begin{pmatrix} 1 & -2 & -5 \\ 0 & 1 & 2 \\ 0 & -7 & -12 \end{pmatrix} \begin{pmatrix} x \\ y \\ z \end{pmatrix} = \begin{pmatrix} 3 \\ -1 \\ 3 \end{pmatrix}$$

となり，次に，

$$\begin{pmatrix} 1 & -2 & -5 \\ 0 & 1 & 2 \\ 0 & 0 & 2 \end{pmatrix} \begin{pmatrix} x \\ y \\ z \end{pmatrix} = \begin{pmatrix} 3 \\ -1 \\ -4 \end{pmatrix}$$

となっているわけです。

　さらにこの方法を改良した，ガウス－ジョルダンの消去法というものがあります。この手法による係数の変化を，行列表記で見ていくことにします。

　まず第1段目は同じです。

$$\begin{pmatrix} 1 & -2 & -5 \\ 0 & 1 & 2 \\ 0 & -7 & -12 \end{pmatrix} \begin{pmatrix} x \\ y \\ z \end{pmatrix} = \begin{pmatrix} 3 \\ -1 \\ 3 \end{pmatrix}$$

次に，第2の方程式を用いて第2と第3の式から y の係数を消してしまいます。

$$\begin{pmatrix} 1 & 0 & -1 \\ 0 & 1 & 2 \\ 0 & 0 & -2 \end{pmatrix} \begin{pmatrix} x \\ y \\ z \end{pmatrix} = \begin{pmatrix} 1 \\ -1 \\ 4 \end{pmatrix}$$

最後に，第3の式の z の係数を1にして，第1，第2式の z の係数を消してしまいましょう。

$$\begin{pmatrix} 1 & 0 & 0 \\ 0 & 1 & 0 \\ 0 & 0 & 1 \end{pmatrix} \begin{pmatrix} x \\ y \\ z \end{pmatrix} = \begin{pmatrix} -1 \\ 3 \\ -2 \end{pmatrix}$$

最後の形を見ると，左辺は単位行列になっていますから，

$$\begin{pmatrix} x \\ y \\ z \end{pmatrix} = \begin{pmatrix} -1 \\ 3 \\ -2 \end{pmatrix}$$

と解が求められたことがわかります。ここで注目すべきは，連立方程式の解を求めるプロセスは係数行列を単位行列に変えていくプロセスだった，ということです。係数行列が単位行列になれば，それはもう答えを出したことになるのです。

さて，係数行列を A とすると，その逆行列 A^{-1} があれば $A^{-1}A = I$ となるのでした。であれば，連立方程式の右辺にあったベクトルに A^{-1} を掛けてやれば，一気に答えが求まるではないですか。

実際に見てみましょう。

$$\begin{pmatrix} 1 & -2 & -5 \\ 5 & 4 & 3 \\ 3 & 1 & -3 \end{pmatrix} \begin{pmatrix} x \\ y \\ z \end{pmatrix} = \begin{pmatrix} 3 \\ 1 \\ 6 \end{pmatrix}$$

この連立方程式に対して，

$$\begin{pmatrix} 1 & -2 & -5 \\ 5 & 4 & 3 \\ 3 & 1 & -3 \end{pmatrix}^{-1} \begin{pmatrix} 1 & -2 & -5 \\ 5 & 4 & 3 \\ 3 & 1 & -3 \end{pmatrix} \begin{pmatrix} x \\ y \\ z \end{pmatrix} = \begin{pmatrix} 1 & -2 & -5 \\ 5 & 4 & 3 \\ 3 & 1 & -3 \end{pmatrix}^{-1} \begin{pmatrix} 3 \\ 1 \\ 6 \end{pmatrix}$$

とします[*2]。すると左辺は単位行列になりますから，

---

*2 数値的には $\begin{pmatrix} 1 & -2 & -5 \\ 5 & 4 & 3 \\ 3 & 1 & -3 \end{pmatrix}^{-1} = \begin{pmatrix} 15/28 & 11/28 & -1/2 \\ -6/7 & -3/7 & 1 \\ 1/4 & 1/4 & -1/2 \end{pmatrix}$ という行列です。

$$\begin{pmatrix} 1 & 0 & 0 \\ 0 & 1 & 0 \\ 0 & 0 & 1 \end{pmatrix} \begin{pmatrix} x \\ y \\ z \end{pmatrix} = \begin{pmatrix} -1 \\ 3 \\ -2 \end{pmatrix}$$

と一気に答えが求められることになります。つまり，連立方程式を解くという問題が，係数行列の逆行列を求める問題になります。また，逆行列は存在しないこともある，ということでしたが，その場合その連立方程式は解けない，ということになります。

　実は，回帰分析や因子分析のモデルの中にも係数行列のようなものは出てきますし，計算過程の中には逆行列を使って答えを求めるところもあります。多変量解析も，ある側面からみれば連立方程式を解いていることなのです。

8.3.2　ベクトルや行列の積と重回帰分析

　ベクトルや行列の記法を使うと，回帰分析や重回帰分析の式がとても単純な形で表現できます。

　回帰分析は，$Y_i = aX_i + b + e_i$ という式で表現できる，ということでしたが，式中の X や Y は観測されたデータですので，$X = \{x_1, x_2, \cdots, x_n\}$，$Y = \{y_1, y_2, \cdots y_n\}$ というベクトルなのです。ですから，正確に書けば，

$$Y = aX + b + e$$

つまり，

$$\begin{pmatrix} y_1 \\ y_2 \\ \vdots \\ y_n \end{pmatrix} = a \begin{pmatrix} x_1 \\ x_2 \\ \vdots \\ x_n \end{pmatrix} + \begin{pmatrix} b \\ b \\ \vdots \\ b \end{pmatrix} + \begin{pmatrix} e_1 \\ e_2 \\ \vdots \\ e_n \end{pmatrix}$$

となります。列ベクトル X に定数 a を掛けて得られるのは同じサイズの列ベクトル，列ベクトルどうしは足しても同じサイズの列ベクトルですから，左辺と右辺はどちらも列ベクトルで，対応関係がとれていることになります。

　ここで少し表現の工夫をします。説明変数 X のベクトルの左に数字の 1 だけが入った列を作ります。また，係数もまとめてベクトル β を次のように用意します。

$$X = \begin{pmatrix} 1 & x_1 \\ 1 & x_2 \\ \vdots & \vdots \\ 1 & x_n \end{pmatrix}, \beta = \begin{pmatrix} b \\ a \end{pmatrix}$$

164 第III部 数式で理解する

このようにすると，回帰分析の式は，

$$Y = X\beta + e$$

と表すことができます。とても簡単な表現になりました（試しに各行を行列の計算式に則って計算してみてください。うまく表現できていることがわかると思います）。

さらにこの表現はありがたいことに，複数の説明変数がある重回帰分析のときでも同じ形で表すことができます。重回帰分析は，これまでの書き方ですと $Y = a_1X_1 + a_2X_2 + \cdots + a_nX_n + b + e$ というようにしていました。ここで，係数と切片を1つの行列で表現するときわかりやすくするために，少し書き換えて $Y = \beta_0 + \beta_1X_1 + \beta_2X_2 + \cdots + e$ としましょう。記号が変わっただけで中身は同じ，意味も同じです。ただ，切片 b を β_0 として右辺の一番前にもってきました。というのも，そうするとベクトルで書くときにわかりやすいからです。

説明変数行列の左端に1を入れたベクトルを追加し，回帰係数 β もセットにして，

$$X = \begin{pmatrix} 1 & x_{11} & x_{12} & \cdots & x_{1m} \\ 1 & x_{21} & x_{22} & \cdots & x_{2m} \\ \vdots & \vdots & \vdots & \ddots & \vdots \\ 1 & x_{n1} & x_{n2} & \cdots & x_{nm} \end{pmatrix}, \beta = \begin{pmatrix} \beta_0 \\ \beta_1 \\ \vdots \\ \beta_m \end{pmatrix}$$

とすると，重回帰分析の式は，

$$Y = X\beta + e$$

と表すことができます。なんと，説明変数が m 個に増えたのに，式の形は（単）回帰分析のそれと同じではありませんか！

このように，行列表現をすると多くの変数を一気に扱い，表現することができるのです。このため，多変量解析ではベクトルの表記が基本になります。サイズを気にせず一般的に表現できるからです。

実際にこれらの式を読むときは，行列のサイズをイメージしながら読むとよいでしょう。例えば左辺の Y はサイズ n のベクトルなのですから，右辺の $X\beta$ もサイズ n の縦ベクトルになるはずなのです。実際，X は $n \times (m + 1)$ の行列で，β は $(m + 1) \times 1$ のベクトルですから，計算結果は $n \times 1$，つまりサイズ n の縦ベクトルです。

ここまででも十分，行列の面白さはわかってもらえたかもしれませんが，最後にもう1つ面白いものが待っていますので，章を改めてみていきましょう。

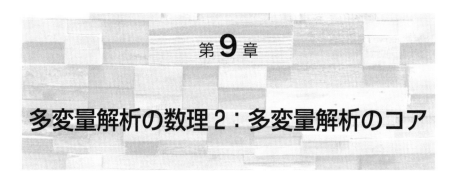

第9章

多変量解析の数理2：多変量解析のコア

9.1 固有値分解

　因子分析をはじめとする多変量解析は，固有値分解とよばれる演算が根本に横たわっています。言い換えれば，固有値と固有ベクトルの分解法さえ理解しておけば，いかなる種類の多変量解析もその応用として理解できるようになります。多変量解析の核心，とでもいうべき考え方が固有値分解とよばれるものです。ここでは行列をその固有値，固有ベクトルに行列を分解するとは何か，を考えていきましょう。

9.1.1 正方行列と固有値，固有ベクトル

　固有値分解は，ある正方行列 A を固有値と固有ベクトルに分解することです。では固有値，固有ベクトルとはいったいどういうものなのでしょうか？　ある正方行列 A に対し，あるベクトル（ゼロ・ベクトル[*1]をのぞく）が以下のような性質をもつとき，このスカラー λ を固有値[*2]，ベクトル x を固有ベクトルといいます。

$$Ax = \lambda x \qquad [9.1]$$

　これはとても奇妙な性質のように思えますね。イメージでいうと，図9.1のようなことになるからです。

　左右の両辺にあるベクトル x は同じものなのですから，左辺にある大きな正方形（正方行列）が，右辺の小さな正方形（1×1サイズのスカラー！）と同じになる？　そんなことがあるのでしょうか。

[*1] すべての要素がゼロであるベクトルのことです。
[*2] 固有値は一般に，ギリシア文字 λ（ラムダ）で表現されます。

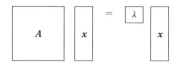

図 9.1 固有値分解のイメージ 1

数値例で見てみましょう。例えば，次のようなことが確かにありえるのです。

例18 行列の固有値と固有ベクトル

$$A = \begin{pmatrix} 1 & 6 \\ 2 & 5 \end{pmatrix}, x = \begin{pmatrix} 1 \\ 1 \end{pmatrix}$$

であるとすれば，

$$Ax = \begin{pmatrix} 1 & 6 \\ 2 & 5 \end{pmatrix}\begin{pmatrix} 1 \\ 1 \end{pmatrix} = \begin{pmatrix} 7 \\ 7 \end{pmatrix} = 7\begin{pmatrix} 1 \\ 1 \end{pmatrix} = 7x$$

ですから，確かに定義から x が A の固有ベクトルということになります。この場合の固有値は 7 です。

行列の固有値は 1 つとは限りません。上の例ではもう 1 つ，−1 も固有値であり，このときは (−3, 1) が固有ベクトルになります。一般に $n \times n$ サイズの正方行列からは，n 個の固有値が得られます。また，ある正方行列 A から得られる固有値の和は，A の対角項の総和（トレース trace といい，$tr(A)$ などと書きます）に等しいことがわかっています[*3]。

このように，確かにこの関係を満たすスカラーとベクトルの組み合わせが存在することがわかりました。どのように算出するかの話はさておき，これがなぜ大事なのかのイメージをつかむことがたいせつです。

9.1.2 固有値と因子分析の関係

もう一度図 9.1 に戻って考えます。ここで出てくる 2 つのベクトルは同じものです。とすると，右辺と左辺で違うのは，大きな正方形（行列）か小さな正方形（スカラー）か，というだけになります。であれば，このスカラー（固有値）は行列の性質をギュッとまとめた，圧縮したものであるかのようです。

このように考えると，因子分析との共通点もみえてきます。因子分析とはそもそも，多変量を少数の要因にまとめあげる，要約するという狙いのもとで行われ

[*3] 式でいうと，$tr(A) = \Sigma \lambda_i$ です。

る分析なのでした。このデータの要約というのは、言い換えるとデータ情報の圧縮です。大きな正方形をぎゅっと圧縮して、小さな正方形に縮めること、これが固有値分解なのですから、因子分析が固有値分解と深く関わっているのはよくわかると思います。

実は因子分析に限らず、様々な多変量解析で同様のことが行われます。多次元尺度構成法であれ、数量化Ⅲ類であれ、その他「特徴をつかむ」とか「次元縮約」という話はすべて、固有値分解をして全体をよく表している小さな正方形を取り出すことにほかなりません。つまり、多変量解析のコアは、固有値分解なのです。因子分析においては、分解を始める元の正方行列には相関行列 R が選ばれます[*4]。これを固有値分解して、得られた固有ベクトルが、因子負荷量に対応します。

また固有値は1つではなく、行列のサイズ n と同じ個数だけ得られるということはすでに述べた通りです。つまり、$n \times n$ の行列からは、n 個の固有値・固有ベクトルが得られます。固有ベクトルの大きさを適切に選んでやれば、元の正方行列 A は次のように分解することができます。

$$A = \lambda_1 \boldsymbol{x}_1 \boldsymbol{x}_1' + \lambda_2 \boldsymbol{x}_2 \boldsymbol{x}_2' + \cdots + \lambda_m \boldsymbol{x}_m \boldsymbol{x}_m' = \sum \lambda_i \boldsymbol{x}_i \boldsymbol{x}_i' \qquad [9.2]$$

これはイメージで描くと図9.2のように表現できるでしょう。

ここでは、固有値の色が徐々に薄くなるよう描きました。この濃度が固有値の、数字としての大きさだと思ってみてください。固有値を大きい順に並べていくと、行列からその要素が少しずつ抜かれていくことを、固有値の色が薄くなっていくことで表現しています。

このように考えると、あまりにも色が薄すぎるものは、元の行列の要素ではあるけれども、それほど重要な要素ではないといえるでしょう。ここから、色が薄い、すなわち固有値が小さい、あるいは寄与率が小さい因子は誤差みたいなもので、ある程度の大きさがあればそれは共通因子と考えられる、という因子分析の考え方がイメージできるのではないでしょうか。

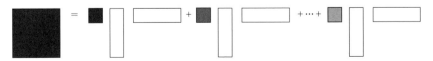

図9.2　固有値分解のイメージ2

[*4] 正確には対角項に共通性が入ったもの R† (p.92参照) になります。

9.1.3 固有値の幾何学的理解

固有値，固有ベクトルについて，今度は違う側面から見直してみましょう。

ある正方行列から固有値 λ と固有ベクトル $\boldsymbol{a}$ が得られたとします。このベクトル $\boldsymbol{a}$ のすべての要素を定数 c 倍したベクトル $\boldsymbol{b} = c\boldsymbol{a}$ を考えると，これもやはり

$$A\boldsymbol{b} = \lambda c\boldsymbol{a} = \lambda \boldsymbol{b} \qquad [9.3]$$

となります。つまり，固有ベクトルの値は絶対的なものではなく，要素間の相対的大きさを反映していることになります。

これを幾何学的に，図形として考えてみましょう。要素が2つのベクトルは，二次元座標に表現できます。ベクトル $\boldsymbol{x} = (x, y)$ という座標を表しているというわけです。固有ベクトルも要素が2つであれば，座標で表現できます。先ほどの，要素を c 倍しても固有ベクトルとしての性質は変わらない，という話は，「固有ベクトルは大きさに意味はなく，方向を表したもの」（図9.3）ということになります。では何の方向を指し示しているのでしょうか。

これを考えるに当たって，ある座標が別の座標に移ることを考えてみましょう。これを特に「変換」とよびます[*5]。

ここでは引き続き，二次元の座標で考えましょう。ある二次元座標 $x = (x_1, y_1)$ があり，これを別の点 $\boldsymbol{x}'(x_2, y_2)$ に変換することを考えます。例えば $(1, 2)$ とい

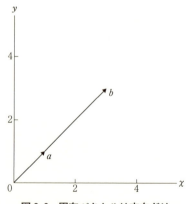

図 9.3 固有ベクトルは方向だけ

[*5] より一般的にいうと，以下のようになります。「集合 X の各元 x に集合 Y の元 $f(x)$ を対応させる対応 f のことを，集合 X から集合 Y への写像（mapping），関数（function），あるいは変換（transformation）という。」

う点を $(2, 6)$ に移すとすると，これは x 座標を 2 倍，y 座標を 3 倍に引き延ばすような変換です。この変換を表現するには 2×2 の行列 $\boldsymbol{A}$ が必要です。つまり，

$$\boldsymbol{A}\boldsymbol{x} = \begin{pmatrix} 2 & 0 \\ 0 & 3 \end{pmatrix}\begin{pmatrix} 1 \\ 2 \end{pmatrix} = \begin{pmatrix} 2 \\ 6 \end{pmatrix} \qquad [9.4]$$

という計算をするわけです。この正方行列 $\boldsymbol{A}$ で，座標を移す変換ルールを表すことができました。

さて，逆の見方をすれば，ある正方行列は何らかの変換を表しているのではないでしょうか。そしてこの正方行列の性質を調べれば，それがどのような変換をしようとしているのかがわかるでしょう。

今回の例では，行列 $\boldsymbol{A}$ には次のような性質があります。

$$\begin{pmatrix} 2 & 0 \\ 0 & 3 \end{pmatrix}\begin{pmatrix} 1 \\ 0 \end{pmatrix} = 2\begin{pmatrix} 1 \\ 0 \end{pmatrix} \qquad [9.5]$$

$$\begin{pmatrix} 2 & 0 \\ 0 & 3 \end{pmatrix}\begin{pmatrix} 0 \\ 1 \end{pmatrix} = 3\begin{pmatrix} 0 \\ 1 \end{pmatrix} \qquad [9.6]$$

そう，お気づきのように，これは固有値・固有ベクトルです。この行列の固有値・固有ベクトルはそれぞれ $\lambda_1 = 2$，$\boldsymbol{x}_1 = (1, 0)$，$\lambda_2 = 3$，$\boldsymbol{x}_2 = (0, 1)$ であることがわかります。この固有値，固有ベクトルの組み合わせをじっと見ていると，面白い特徴がわかってきます。

今回の行列から得られた 2 つの固有ベクトル，$(1, 0)$ と $(0, 1)$ は，二次元平面の単位ベクトルとよばれるものです。二次元座標の任意の点は，これら 2 つのベクトルの任意の線型結合で表現することができます。座標 (a, b) は $a \times (1, 0)$ と $b \times (0, 1)$ からなるベクトルですから，

$$\begin{pmatrix} 1 & 0 \\ 0 & 1 \end{pmatrix}\begin{pmatrix} a \\ b \end{pmatrix} = \begin{pmatrix} a \\ b \end{pmatrix}$$

というように表せるのです。

このように，単位ベクトルは二次元世界の基盤ともいうべきもので，ここで $(1, 0)$ は x 座標の，$(0, 1)$ は y 座標の基盤となるベクトルであるということができます（これを特に**基底**といいます）。つまり，正方行列 $\boldsymbol{A}$ から得られる固有ベクトルは，その正方行列が作る空間の基盤を明らかにするものであったのです。

では固有値はどうでしょうか？　今回は x 座標を 2 倍，y 座標を 3 倍に引き延ばす変換をした（図 9.4）わけですが，この座標の歪み（重み）が固有値に対応していますね。つまり，固有値と固有ベクトルは新しい座標に変換する，その変換先の空間的性質を表していることになります。元の座標空間は $(1, 0)$，$(0, 1)$

で作られる空間ですが，変換先の空間は $(2, 0)$，$(0, 3)$ で作られている空間，ということになります。

今回の変換 A は x 軸，y 軸に沿ったものでしたが，もちろんそういうことばかりではありません。次の例を見てみましょう。

例19 変換と固有値・固有ベクトル

$$A = \begin{pmatrix} 3 & 2 \\ 4 & 1 \end{pmatrix}$$

の固有値，固有値ベクトルは，$\lambda_1 = 5$，$\boldsymbol{x}_1 = (1, 1)$，$\lambda_2 = -1$，$\boldsymbol{x}_2 = (-1, 2)$ です。A は座標 $(1, 2)$ を $(7, 6)$ に移す作用です。これを図で表現すると図 9.5 の

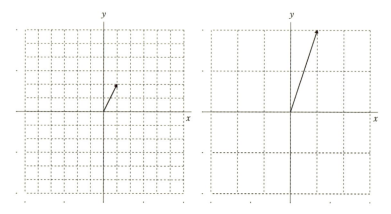

図 9.4　左の座標空間から右の座標空間に変換

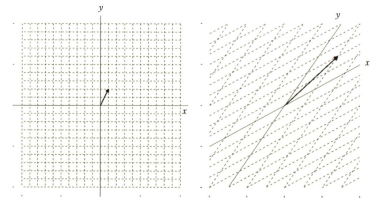

図 9.5　行列 A は新しい座標への変換を表す

ようになります。

　左の座標で (1, 2) にあったベクトルは，右の変換された空間では (7, 6) になっています。ですが，右の変換された空間は空間の座標が歪んでいますので，この空間の中では (1, 2) の場所にあることがわかります。

　つまり，正方行列は空間を変換するもの，あるいは正方行列の中に固有ベクトルを基底とした空間があるもの，ということです。すべての正方行列に，こういった"変換"という解釈ができるのであれば，相関行列にも同様のことがいえるでしょう。相関行列は正方行列ですので，固有値分解することができるのです。相関行列を固有値分解することは，相関行列の中に潜む次元（dimension）を抽出してくること，ともいわれる所以がここにあります。固有ベクトル（因子負荷行列）は，正方行列によって変換される，変換先の単位ベクトルのことだったのです。そして，固有値はその次元の歪み（重み，重要性）という意味があったのです。

　以上の特徴をふまえておけば，とりあえず本書を読み進めることはできます。行列にはその他にも様々な特徴がありますので，詳しく知りたい人は線形代数の世界に飛び込んでみるといいでしょう。本章ではここで，実際にどのように因子分析を計算していくのか，応用的な側面に目を向けたいと思います。

9.2　データの行列表現

　ここまで行列の形ばかり見てきましたが，本書はあくまでも社会調査という応用場面での利用です。なぜ社会調査のデータ分析をする際にこのような知識が必要なのか，と考える読者もいるかもしれません。ですが，カンのいい読者はお気づきのように，得られるデータは行列として扱うと表現が大変便利なのです。例えば質問項目が m 個あって，調査対象者 n 人から回答を得たとすると，データは，

$$X = \begin{pmatrix} X_{11} & X_{12} & \cdots & X_{1m} \\ X_{21} & X_{22} & \cdots & X_{2m} \\ \vdots & \vdots & \ddots & \vdots \\ X_{n1} & X_{n2} & \cdots & X_{nm} \end{pmatrix}$$

のように表現できます。データ全体をこうして，1つの記号で表現できたら便利です。これらを使ったデータの表記に慣れておきましょう。

　各反応の平均点は以下のように表現されます。まず，要素がすべて 1 からなる

ベクトルを,

$$\mathbf{1} = \begin{pmatrix} 1 \\ 1 \\ \vdots \\ 1 \end{pmatrix}$$

とすると, 各項目の総和は,

$$X'\mathbf{1} = \begin{pmatrix} \sum_{i=1}^{n} x_{i1} \\ \sum_{i=1}^{n} x_{i2} \\ \vdots \\ \sum_{i=1}^{n} x_{im} \end{pmatrix}$$

と表すことができます。

これを使って平均値（列）ベクトル m を,

$$m = \frac{1}{n}X'\mathbf{1} = \begin{pmatrix} 1/n \sum_{i=1}^{n} x_{i1} \\ 1/n \sum_{i=1}^{n} x_{i2} \\ \vdots \\ 1/n \sum_{i=1}^{n} x_{im} \end{pmatrix} = \begin{pmatrix} \bar{x}_1 \\ \bar{x}_2 \\ \vdots \\ \bar{x}_n \end{pmatrix}$$

と表すことができます。

さて, 平均からの偏差を要素にもつ行列 V を考えたとします。

$$V = X - \mathbf{1}m'$$

$$= X - \begin{pmatrix} 1 \\ 1 \\ \vdots \\ 1 \end{pmatrix}(\bar{x}_1 \ \ \bar{x}_2 \ \ \cdots \ \ \bar{x}_m)$$

$$= X - \begin{pmatrix} \bar{x}_1 & \bar{x}_2 & \cdots & \bar{x}_m \\ \bar{x}_1 & \bar{x}_2 & \cdots & \bar{x}_m \\ \vdots & \vdots & \ddots & \vdots \\ \bar{x}_1 & \bar{x}_2 & \cdots & \bar{x}_m \end{pmatrix}$$

これはまた,

$$V = \left(I - \frac{1}{n}\mathbf{1}\mathbf{1}'\right)X$$

と表すこともできます。

これを使うと, 例えば分散共分散行列 S は,

第9章　多変量解析の数理2　　173

$$S = \frac{1}{n} V'V = \begin{pmatrix} s_{11} & s_{12} & \cdots & s_{1m} \\ s_{21} & s_{22} & \cdots & s_{2m} \\ \vdots & \vdots & \ddots & \vdots \\ s_{m1} & s_{m2} & \cdots & s_{mm} \end{pmatrix}$$

で表すことができます。

　また，対角項に各変数の標準偏差が入った行列 Q を以下のように定めると，

$$Q = \begin{pmatrix} \sigma_1 & 0 & \cdots & 0 \\ 0 & \sigma_2 & \cdots & 0 \\ \vdots & \vdots & \ddots & \vdots \\ 0 & 0 & \cdots & \sigma_m \end{pmatrix}$$

　標準得点行列 Z は，

$$Z = VQ^{-1}$$

となりますから，これを用いて相関行列 R を，

$$R = \frac{1}{n} Z'Z = \begin{pmatrix} 1 & r_{12} & \cdots & r_{m1} \\ r_{21} & 1 & \cdots & r_{m2} \\ \vdots & \vdots & \ddots & \vdots \\ r_{1m} & r_{2m} & \cdots & 1 \end{pmatrix}$$

と表現することができます。サイズにかかわらず，一般的にこのように表現できるのはとてもわかりやすいですね。

9.3　因子分析モデルの代数的表現

　それではいよいよ因子分析のモデルをみていくことにします。ここまではイメージや言葉で因子分析のことを表現してきましたが，ここでは因子分析のモデルを数式で表現したいと思います。因子分析法のモデルは，実際に観測されるデータをいくつかの変数の，積と和の形によって表すというものです（式9.7）。

$$z_{ij} = a_{j1}f_{i1} + a_{j2}f_{i2} + \cdots + a_{jm}f_{im} + d_j u_{ij} \qquad [9.7]$$

　ここで，z_{ij} とは調査対象者 i の項目 j に対する回答の標準得点のことです。これは実際に観測されたデータから計算できます。a_{j1}, a_{j2}, ……, a_{jm} は**因子負荷量**とよばれるもので，これは因子と項目の関係の強さを表すものです。また，f_{i1}, f_{i2}, ……, f_{im} は**因子得点**とよばれるもので，因子と各回答者の関係の強さを表すものです。式中で $a_{jm}f_{im}$ までで表されているのが共通因子，最後の項が独自因子です。d_j がその独自因子とよばれるもので，共通しない誤差の部分をまとめてこ

のように書いています。

　左辺の z_{ij} は観測されたデータから算出できるものですが，右辺の因子負荷量，因子得点はいずれも未知数です。データに対して未知数が多すぎるようで，これではどのようにして答えを見つけ出せばよいのかわからないかもしれません。例えばある人のある項目に対する標準得点が0.12であるとして，それが0.4×0.3で得られるのか，0.2×0.6で得られるのか，はたまた他の数値の組み合わせで得られるのか，を解く数学的技術は存在しません。この方程式はこのままでは解けないのです。

　そこで，この未知数だらけの方程式を解くために，因子について以下のような条件を置きます。

・共通因子の因子得点，独自因子の因子得点は，標準化されている。すなわち，いずれの因子得点も平均点は0であり，標準偏差は1である。
・共通因子と独自因子との間に相関はない。

この他に，状況に応じて因子どうしの間に相関を仮定します。

・共通因子どうしの相関を認めないのを「直交因子モデル」，認めるのを「斜交因子モデル」とよぶ。

　このような仮定を置いたら問題が解けるようになるのでしょうか？　実はこの問題を解く鍵は，多変量データであれば何とかなるのです！

　2つの変数，j と k の標準得点から，

$$r_{jk} = \frac{1}{N} \sum_{i=1}^{N} z_{ij} z_{ik} \tag{9.8}$$

のように，相関係数が算出されることを思い出してください。先ほどの因子分析の基本代数式（式9.7）をこの式に代入してみましょう。

$$r_{jk} = \frac{1}{N} \sum_{i=1}^{N} z_{ij} z_{ik}$$

$$= \frac{1}{N} \sum_{i=1}^{N} (a_{j1} f_{i1} + a_{j2} f_{i2} + \cdots + a_{jm} f_{im} + d_j u_{ij})(a_{k1} f_{i1} + a_{k2} f_{i2} + \cdots + a_{km} f_{im} + d_k u_{ik}) \tag{9.9}$$

　これは代数の計算としてやっていくと，非常に煩雑で間違いが起きやすそうです。そこで，少し視覚化してわかりやすくしてみましょう（図9.6）。

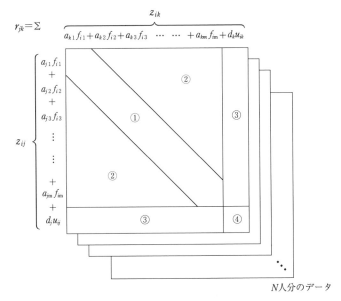

図9.6　2つの標準得点を掛け合わせるということ

このように図示してみると，先ほどの計算は4つのパートに別れることがわかります。

① 因子 p と p の積和部分
② 因子 p と q の積和部分
③ 因子 $p(q)$ と独自因子の積和部分
④ 独自因子どうしの積和部分

この各パートを順に計算していきましょう．まず①ですが，例えば第1因子については

$$\frac{1}{N}\sum_{i=1}^{N}a_{j1}a_{k1}F_{i1}^2 \qquad [9.10]$$

となることがわかります．ここで，a_{j1} と a_{k1} は N には関係がない（Σ は i が1から N まで変化することを意味しているが，係数 i はどちらにも入っていない）ので，総和して割る意味がないことに気づきます．そうなると，必然的にこの式は，

$$\frac{1}{N}\sum_{i=1}^{N}a_{j1}a_{k1}F_{i1}^2 = a_{j1}a_{k1}\frac{1}{N}\Sigma F_{i1}^2 \qquad [9.11]$$

となります。この F_{i1} は因子得点であり，上の仮定より標準化されたものだということになります。さて，標準得点と標準得点の積和平均は相関係数になることをもう一度思い出してください。そうすると，これは自分自身との相関係数を表していることになりますから，当然 $F_{i1}^2 = 1.0$ であることがわかります。

結局，図9.6①のエリアは，

$$\frac{1}{N}\sum_{i=1}^{N} a_{j1}a_{k1}F_{i1}^2 = a_{j1}a_{k1}\frac{1}{N}\sum F_{i1}^2 = a_{j1}a_{k1} \qquad [9.12]$$

と，とてもあっさり書き下すことができるのです。

続いて図9.6②を見てみましょう。ここは2つの因子が掛け合わさった部分ですね。落ち着いて，第1因子と第2因子を例にして考えてみましょう。この箇所で得られるのは，

$$\frac{1}{N} = \sum a_{j1}F_{i1}a_{k2}F_{k2} = a_{j1}a_{k2}\frac{1}{N}\sum F_{i1}F_{i2} \qquad [9.13]$$

ということになります。ここで，F_{i1} および F_{i2} はそれぞれ第1，第2因子における個人 i の因子得点を意味しています。因子得点は標準化されていることをもう一度思い出すと，これは第1因子と第2因子の相関係数になります。ここで，この因子分析が直交因子モデルだと考えますと，因子どうしに相関がないわけですから，数字としては0.0で消えてしまいます。するとこの部分は，

$$\frac{1}{N} = \sum a_{j1}F_{i1}a_{k2}F_{k2} = a_{j1}a_{k2}\frac{1}{N}\sum F_{i1}F_{i2} = 0 \qquad [9.14]$$

となることがわかりました。つまり，この領域②は，すべて0になってしまうのです。

続いて図9.6③の部分について考えてみましょう。これはある共通因子と独自因子の積和部分です。例によって標準得点どうしの関係から，相関係数を算出することになりますが，独自因子は共通因子と無相関であることを考えると，

$$\frac{1}{N}\sum a_{ik}F_{ik}d_jU_{ij} = a_{jk}d_j\frac{1}{N}\sum U_{ij}F_{ik} = 0 \qquad [9.15]$$

とこのように，この箇所もすべて0になってしまいます。

最後の図9.6④にいたっては，独自因子と独自因子の積和ですから，これも，

$$\frac{1}{N}\sum d_jd_kU_{ij}U_{ik} = d_jd_k\frac{1}{N}\sum U_{ij}U_{ik} = 0 \qquad [9.16]$$

のように0になります。結局，消えてなくなるのがほとんどで，残るのは1の部分だけであり，r_{jk} を考えるときはそこだけ考慮すればよいことになります。

整理すると，

$$r_{jk} = a_{j1}a_{k1} + a_{j2}a_{k2} + \cdots + a_{jm}a_{km} \qquad [9.17]$$

ということがわかります。つまり，項目 j と項目 k の相関係数は，項目 j の因子負荷量と項目 k の因子負荷量を，すべての因子について総和したものであるということです。因子分析の基本モデルから導出されるこの定理を，特に**因子分析の第二定理**とよびます。

ここで同じ項目どうしの相関を考えてみましょう。項目 j と項目 j の相関係数は，もちろん1.0になりますね。これを因子分析の基本式で表すと，次のように表現できます。

$$r_{jj} = a_{j1}^2 + a_{j2}^2 + \cdots + a_{jm}^2 + d_j^2 = 1.0 \qquad [9.18]$$

このとき，d_j^2 を特に特殊性（b_j^2）と誤差（e_j^2）に分類し，

$$d_j^2 = b_j^2 + e_j^2 \qquad [9.19]$$

と表されることもあります。

さて，この式が意味するのは何でしょうか。意味を考えてみると，ある項目それ自身との相関係数は，因子負荷の二乗和からなっている，ということがわかります。これこそ**因子分析の第一定理**とよばれるものであり，解けるはずのなかった方程式を解くための鍵となる式なのです。

9.4　因子分析と固有値分解

さて因子分析モデルの代数的表現ですが，これも行列を使って表現すると非常にシンプルに表現できます。

内容はまったく同じですが，確認しておきましょう。標準得点行列 $\boldsymbol{Z}$ を因子負荷行列 $\boldsymbol{A}$ と因子得点行列 $\boldsymbol{F}$ を使って，次のように表します。

$$\boldsymbol{Z} = \boldsymbol{F}\boldsymbol{A}' + \boldsymbol{U}\boldsymbol{D} \qquad [9.20]$$

ここで，各行列の要素のサイズ感をつかんでおきましょう。

これより，

$$\boldsymbol{R} = \frac{1}{N}\boldsymbol{Z}'\boldsymbol{Z}$$

$\boldsymbol{Z}$ を因子分析のモデル式にして，

$$= \frac{1}{N}(\boldsymbol{F}\boldsymbol{A}' + \boldsymbol{U}\boldsymbol{D})'(\boldsymbol{F}\boldsymbol{A}' + \boldsymbol{U}\boldsymbol{D})$$

前の項の転置を中に入れます。

178 第III部 数式で理解する

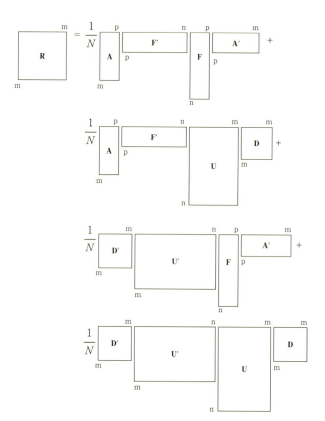

図 9.7 因子分析の行列計算イメージ

$$= \frac{1}{N}\{(FA')' + (UD)'\}(FA' + UD)$$

転置のカッコを外すときは順番を入れ替えて転置するというルール（p.159参照）ですから,

$$= \frac{1}{N}(AF' + D'U')(FA' + UD)$$

分配法則を使って,

$$= \frac{1}{N}AF'FA' + \frac{1}{N}AF'UD + \frac{1}{N}D'U'FA' + \frac{1}{N}D'U'UD \quad [9.21]$$

のように展開することができます。記号を見ているとわかりにくいので，サイズ感を確認しましょう（図 9.7）。

最終的には，次のようになっています。

$$R_{m \times m} = \frac{1}{N} \underset{m \times p}{A} \underset{p \times n}{F'} \underset{n \times p}{F} \underset{p \times m}{A'} + \frac{1}{N} \underset{m \times p}{A} \underset{p \times n}{F'} \underset{n \times m}{U} \underset{m \times m}{D} + \frac{1}{N} \underset{m \times m}{D'} \underset{m \times n}{U'} \underset{n \times p}{F} \underset{p \times m}{A'} + \frac{1}{N} \underset{m \times m}{D'} \underset{m \times n}{U'} \underset{n \times m}{U} \underset{m \times m}{D}$$

ここで，要素ごとに計算していたときのことを思い出してください。第二項 $\frac{1}{N}AF'UD'$ と第三項 $D'U'FA'$ の中にある，$F'U$ と $U'F$ のところは，共通因子得点と独自因子得点の積ですし，いずれも標準化されていますから，$\frac{1}{N}$ と合わせて考えると，これは相関係数を表していることになります。また，共通因子と独自因子は相関しませんので，これはイコール 0 となり，この２つの項が消えてしまうのでした。

また，第一項の $\frac{1}{N}F'F$ は，共通因子どうしの相関を表しています。この因子得点間相関 C_f ですが，直交であることを考える，つまり他の因子と相関しないと考えると，$C_f = I$，つまり単位行列になると考えることができます。単位行列は計算に影響を与えませんから，この式は簡単に，

$$R = AA' + D^2 \qquad [9.22]$$

と表すことができるようになります。先ほどの代数的展開を，そのまま行列で表現しただけですが，このほうがシンプルに表現できていますね。この表現は，因子分析の第一定理と第二定理の両方を含んで一度に表せているのです。

さてここで，固有値分解のことを思い出してください。先の式9.2をここでもう一度見てみましょう。

$$A = \lambda_1 x_1 x_1' + \lambda_2 x_2 x_2' + \cdots + \lambda_m x_m x_m' = \sum \lambda_i x_i x_i'$$

この式を見れば，因子分析の第一定理（式9.18）とよく似ていることに気づきませんか。ここで，左辺の正方行列を相関行列 R とし，$\lambda_1 xx' = aa'$ となるようにベクトルの大きさが整えられているとすれば，式9.18と同じ，すなわち，

$$R = a_1 a_1' + a_2 a_2' + \cdots + a_m a_m' + dd' \qquad [9.23]$$

が得られるからです。

因子分析は相関行列（正確には対角項に共通性の推定値が入った $R\dagger$ ですが）を固有値分解し，得られた固有ベクトルのサイズを整えて出力していることになります。小さな固有値で共通因子とみなせないところはまとめてしまって，考察の対象にもなりませんが，数理的にはここからが共通因子，ここからが独自因子といった区別をすることなく，最後のひとかけらまで固有値分解を行なっていることがわかります。

180   第III部　数式で理解する

9.5　因子分析と行列のこぼれ話

　ここでは，実際の因子分析をする際は特に気にしなくていいようなことや，数式から読み取れる意味についてのコラムなど，説明しきれなかったいくつかのことについて解説します。先を急ぐ場合は読み飛ばしてもらってかまいませんが，興味があればおつきあいください。

9.5.1　固有値の近似解の求め方

　行列の固有値を求めるには，固有方程式[*6]という方程式を解くことと同じです。連立方程式ですからがんばれば解けるのかもしれないのですが，多変量解析の場合は多くの項目数（10〜100ほどのことも）がありますから，この方程式を解くのはとても大変です。そこで，コンピュータに近似解を出させる数値演算をさせることになります。

　ここでは，固有値解法の1つ，パワー法について説明しましょう。パワー法のパワー（POWER）とは，「累乗」という意味です。この方法は，行列を何度も何度も自分自身に掛ける，つまり乗算していくという手法です。すると固有値に近似する値が得られる，という面白い特徴をもっています。

　またこの方法は，与えられた行列の固有値の中で，絶対値最大のものを算出する手法でもあります。2番目以降の固有値については，第一固有値の要素を抜いた行列（残差行列）を作って，その行列の最大固有値を求める……というように，行列を変えながら求めていく必要があります。あるいは，一度にすべての固有値が求まるような，パワー法以外の固有値解法（例えばQR法）もあります。

　パワー法のよいところは，「アルゴリズム・プログラムがわかりやすい」というところでしょうか。以下に解説していきます。

　ある行列 A の固有値を，$\lambda_1, \lambda_2, \cdots\cdots, \lambda_n$ とします。これらが絶対値の大きい順に並んでいるものとします。つまり，

$$|\lambda_1| > |\lambda_2| > |\lambda_3| > \cdots > |\lambda_n| \qquad [9.24]$$

です。

　さて，この固有値に対応する固有ベクトルをそれぞれ $v_1, v_2, \cdots\cdots, v_n$ としておきましょう。ここで，任意のベクトル v は $v_1, v_2, \cdots\cdots, v_n$ の線形結合で表す

[*6]　$det(A - \lambda I) = 0$ となる方程式のことです。ここで det とは，行列式という行列の特性を表す数値を求めることなのですが，解法が非常に面倒なので本書では説明を省いています。詳しくは線形代数のテキストを参照してください。

ことができるという性質を利用して，

$$\nu = c_1\nu_1 + c_2\nu_2 + \cdots + c_n\nu_n \qquad [9.25]$$

という $\boldsymbol{v}$ を考えます。このとき，c はあるスカラーです。この $\boldsymbol{v}$ を行列 $\boldsymbol{A}$ に掛けると，次のようになることがわかります。

$$\begin{aligned}
\boldsymbol{A}\nu &= \boldsymbol{A}(c_1\nu_1) + \boldsymbol{A}(c_2\nu_2) + \cdots + \boldsymbol{A}(c_n\nu_n) \\
&= c_1\boldsymbol{A}\nu_1 + c_2\boldsymbol{A}\nu_2 + \cdots + c_n\boldsymbol{A}\nu_n \\
&= c_1\lambda_1\nu_1 + c_2\lambda_2\nu_2 + \cdots + c_n\lambda_n\nu_n \\
&= \lambda_1\{c_1\nu_1 + c_2(\lambda_2/\lambda_1)\nu_2 + \cdots + c_n(\lambda_n/\lambda_1)\nu_n\}
\end{aligned} \qquad [9.26]$$

このように，掛けたものにもう一度 $\boldsymbol{A}$ を掛け，もう一度，もう一度……とくり返しくり返し行列 $\boldsymbol{A}$ を累乗していくと，

$$\boldsymbol{A}^p\nu = \lambda_1^p c_1\nu_1 + c_2(\lambda_2/\lambda_1)^p\nu_2 + \cdots + c_n(\lambda_n/\lambda_1)^p\nu_n \qquad [9.27]$$

となることが示されます。

さて，累乗の反復を p 回くり返すとすると，その p が十分に大きければ，$c_2(\lambda_2/\lambda_1)^p\boldsymbol{v}_2 \to 0$ となり，以下同様に $c_n(\lambda_n/\lambda_1)^p\boldsymbol{v}_n \to 0$ となります（$\lambda_n/\lambda_1 < 1$ だからです）。つまり，

$$\boldsymbol{A}^p\nu \fallingdotseq \lambda_1^p c_1\nu_1 \qquad [9.28]$$

というわけです。これを利用して，固有値を求める式は，

$$\lambda_1 = \lim_{p \to \infty} \frac{(\boldsymbol{A}^{p+1}\nu)_r}{(\boldsymbol{A}^p\nu)_r} \qquad [9.29]$$

とすることができます。ここの，r は分子・分母のベクトルの，第 r 番目の要素を指していることに注意してください。

これがパワー法による固有値の求め方になります。第二固有値は第一固有値の要素を元の行列から抜き去ったもの，すなわち $\boldsymbol{A} - \boldsymbol{a}_1\boldsymbol{a}'_1$ を同様にパワー法で分解することで求められます。

実際に多変量解析の場面では，統計ソフトウェアがこれらの計算をしてくれるので，ユーザーが気にすることはありません。ただこの計算の中にもあったように，計算の中に反復操作が入っています。パワー法以外の計算アルゴリズムであっても，何十もの方程式を連立させて解くのですから，どうしても徐々に答えに迫っていくという手法を取らざるをえません。統計ソフトウェアが「反復したけど答えが求まらなかったよ」というエラーを出すことがありますが，背後にはこのような計算が行われているんだ，と思ってください。

9.5.2 項目反応理論の中の因子分析

　因子分析は多くの項目から少数の因子を見つけ出す分析方法です。ここで最も単純な因子構造を考えると，因子が1つしかないモデルということになります。また，因子分析は相関係数から分析を始めますが，相関係数を算出するには間隔尺度水準以上の尺度からデータが得られていなければなりません。少なくとも5，7段階以上の反応カテゴリがないと間隔尺度水準があるとは考えにくいところです。

　さてここで，1因子構造を仮定できて，かつ反応がダミー変数（つまり0か1）で得られるようなデータセットがあったとしましょう。これは例えば，学力テストなどのデータが該当します。回答者の反応はマルかバツかの2種類しかありませんし，1つのテストで計っているのは1つの能力（英語のテストなら英語の能力）ですから，1因子構造であることは明らかです。

　このようなときに利用される因子分析は，因子分析の文脈というよりむしろ，テスト理論という文脈で扱われています。特に，項目反応理論（Item Response Theory: IRT，項目応答理論ともいいます）とよばれるテスト理論の中で，ラッシュモデルとかロジスティックモデルとよばれているものがあります。その中では，因子構造は明らかですから，それよりもテストの各項目の良し悪しを査定したり，受験者の能力値を精確に推定する，つまり因子得点の推定だとか，テスト全体から得られる情報量としての信頼性などが議論されています。文脈は違いますが，数学的には1因子・ダミー変数の因子分析と同じということができます。

　一般的な因子分析は，性格心理学をバックボーンにもっていたことから，多因子モデルが基本です。また美しい因子構造，すなわちある項目は1つの因子からのみ説明されるような，単純構造が好まれます。この文脈では構造の美しさに注目されているのです。一方，テスト理論での因子分析は，因子得点の推定精度（採点）のほうに注目されているという違いがあるだけです。

　ところで，反応が2値であるもの，あるいはそうでなくても間隔尺度水準であると考えられないものについては，普通の相関係数（ピアソンの相関係数）ではなく，順序尺度水準の相関係数であるポリコリック相関係数（polychoric correlation）や，2値データの相関係数であるテトラコリック相関係数（tetrachoric correlation）という相関係数が考えられています。このような，カテゴリカルな反応や順序的な反応から計算される相関行列をもとに因子分析を行うこともできます。このような因子分析法は，一般にカテゴリカル因子分析とよばれます。項目反応理論に

含まれるモデルの1つである段階反応モデルは，複数の反応段階に対応した項目
反応理論の応用であり，これがカテゴリカル因子分析と数学的に等価であること
が明らかになっています。因子構造か因子得点か。どちらに注目するかで分かれ
ていった2つのモデルが，テスト理論の展開と，因子分析モデルの展開の中で統
合されてきているのです。

　先ほど，得られたデータが5，7段階（あるいはそれ以上の区分）であれば間
隔尺度水準とみなしてもよい，といいましたが，実際は5件法（例えば，非常に
反対，やや反対，どちらでもない，賛成，非常に賛成の5段階）や3，4段階で
調査することも少なくありません。特に調査対象者が小学生などであれば，5段
階の区分がつくほど成熟していないこともあって，回答の難しさに配慮して3段
階ぐらいにすることが一般的です。このようなデータに対して，従来型の（間隔
尺度水準を仮定した）因子分析を行うことは，分析の仮定が崩れていることから，
正しい結果が得られているとはいえないところがあります。このようなデータに
対しては，カテゴリカル因子分析（すなわち段階反応モデル）を適用するべきな
のです[7]。

　もっといえば，今まで5段階であったからという理由で，特に悩むことなく普
通の因子分析をしていた場合であっても，カテゴリカル因子分析モデルのほうが
適切な分析結果になる場合があります。1つは，回答者の反応が5段階でないよ
うなケースです。調査者としては5段階で反応してくれるだろうことを想定して
いたとしても，実際はそれほど細かく弁別されていないような項目の場合です。
もう1つは，天井効果や床効果が生じているといわれるような，反応の平均値が
偏っているような場合です。いずれの場合にしても，間隔尺度水準が想定してい
る「各反応カテゴリの距離は均等」という仮定が成り立っていないわけです。カ
テゴリカル因子分析は，順序性しか仮定していませんから，「どちらともいえな
い」と「賛成」の距離が短く，「賛成」と「非常に賛成」の距離が遠い，という
こともモデル上表現することができます。このような，柔軟な仮定をもっている
ほうが有利なのです。

　ではどうして，そのようなモデルを使った研究がなされてこなかったのでしょ
う？　答えは簡単で，計算が難しかったり，流通している統計ソフトウェアが対
応していなかったから，です。これらは正確さ・真偽の価値基準の前では言い訳
としか言いようがありません。幸いにして，最近はRのltmパッケージやpsych

＊7　項目反応理論の中で，多段階の反応に対応しているものとして，段階反応モデルの他に部分採点モデルと
　　いうのもありますが，こちらは因子分析とは異なるロジックで結果を算出します。

184 第Ⅲ部 数式で理解する

パッケージを用いれば，誰でも簡単にカテゴリカル因子分析をすることができます。Mplus などの構造方程式モデリングのソフトウェアであっても，変数がカテゴリカルであることを指定すれば，適切な相関係数を算出して分析をしてくれるので，もはやこのような言い訳が成り立つ余地がありません。計算機の力がひ弱であった昔と違って，今ではデータの現れ方に沿った構造，生成メカニズムを考えようという考え方が主流です。読者も無理なデータの変形や，不自然な仮定に屈することなく，様々な可能性を考えてみてください。

9.5.3　因子分析モデルからみた尺度の信頼性と妥当性

　最後は少し角度を変えて，因子分析モデルと尺度作成の関係について言及したいと思います。

　因子分析モデルは心理学系ではよく使われますが，中でも特に尺度作成という文脈で利用することが多いでしょう。尺度作成とは，心理状態を数値化するための心のモノサシを作ることです。作られた尺度には，信頼性と妥当性が求められます。どちらかが欠けても尺度としては役に立たないものです。

　妥当性（validity）とは，尺度が測りたいものをきちんと測っているかどうか，を表すものです。測定したいと思っている概念に，きちんと的をとらえた項目で答えを射抜いているか，というのは当然求められていることです。例えばある人の背の高さを測りたいと思ったときに，体重計を使うというのはおかしいことは誰にでもわかります。身長と体重は確かに関係していますが，重たいから背が高い，軽いから背が低い，という関係だけではないですね。長さを測るには，長さのモノサシが必要です。

　心理尺度の場合，測りたいものが目に見えないもの，例えば「抑うつの程度」とか「購買意欲」などですから，それを測るのに全然関係のない項目で聞いてもきちんと測れたかどうかはあやしいものです。例えば「こってりしたラーメンが食べたいですか」とか，「猫を見ていると癒されますか」といった項目で，抑うつの程度や購買意欲を測ることは妥当でしょうか？　ラーメンを食べる元気があれば抑うつ状態ではないとか，猫に癒しを求めるほどストレスがあるなら爆買いするはずだ，という遠因はあるかもしれませんが，これらの聞き方ではあまりにも的から遠すぎますね。

　ここであげた例のように，誰が見ても「それは的から遠すぎるよ」と常識的に判断できればよいのですが，心理尺度の場合はなかなか「常識的に判断して」わかるか，というのも難しいところです。妥当性の判断は，熟考に熟考を重ねて行

わなければなりません。妥当性の議論は大変奥が深いもので，様々な妥当性の考え方が論じられていますが（詳しくは Grimm & Yarnold（2001／2016）を参照），そのうちの1つは外的基準によるものです。例えば医者がうつ病であると診断するかどうか，を基準として，心理尺度で測った抑うつ度がその外的基準と一致しているかどうかを考えるのです[*8]。

　もう1つの特徴，信頼性（reliability）とは，尺度の精度のことです。体重を測るときに，昨日は80kg，今日は60kg，もう一度測り直したら90kg，と目盛りがバラバラの数字をさしたら「この体重計は壊れている」と誰しもが思うでしょう。体重が数日，数分で十何キロも変わるはずがないからです。

　心理尺度の場合，測りたいものが目に見えないもので，時事刻々と変化する可能性がありますから，ここまで明確に判断するのが難しいかもしれません。それでも，時間の経過の中である程度安定した傾向をみるために尺度を使いますから，結果が安定していなければなりません。昨日はきちんと測れていたけど今日は測れませんでした，というのでも困ります。また同じ人，同じ心の状態を測るのであれば，同じぐらいの数字にならなければなりません。

　また，目に見えないものを測るためには，いろいろな文言・項目を駆使して測ることになります。例えば英語の学力を測ろうとするのであれば，英単語や英文法についてのいくつかの問題に回答を求める必要があります。たった1問で英語力を決められたのではたまったものではありません。複数の問題を使うことで，どの問題にも安定して正解するようであれば，学力が高いと考えられます。安定したスコアを見るためには，複数の項目が必要なのです。

　信頼性は測定の安定度ですから，数値化することができます。α 係数とか ω 係数などがその代表格です。理論的には，データ全体の散らばりの中に占める，知りたいものの大きさの比率で表されます。全分散中に占める真分散の比，として定式化されます。

　ちなみに信頼性は，妥当性の上限であるともいわれます。測定できた中で妥当かどうかが重要なのであり，そもそも測定値が安定しないようであれば妥当性もないからです。

　弓矢にたとえてみれば，尺度とは測りたいものに向かって何本もの矢を射るようなものです。妥当性とは，的の中心を射抜いているかどうかの指標です。信頼性とは，複数放った矢が，きちんと同じところに飛んでいったかどうかの指標で

[*8]　この検証には回帰分析が使えることはもうおわかりですね。

186 第Ⅲ部 数式で理解する

あるともいえます。

さて，この信頼性と妥当性という尺度構成法の概念について，因子分析の観点から考えてみましょう。

因子分析の第一定理を思い出してみましょう。定理の式だけ書き出すと，

$$h_j^2 + d_j^2 = 1.0$$

で表されます。

各共通因子負荷量の二乗を共通性 (h_j^2) といいますが，共通性と独自因子の共通性を足し合わせると 1.0 になることを表しているのが第一定理なのでした[*9]。

さて，尺度の信頼性とは，全分散中に対する真分散の比，です。これはまさに，この第一定理の式で表現されていることです。右辺は 1.0 に固定されていますから，左辺は 2 つの項，h_j^2 と d_j^2 の比を考えていることになります。因子分析モデルは，共通性が高くなれば独自因子が占める割合が減り，逆もまた真ですから，この第一定理は尺度の信頼性に関する議論を意味するものだったのです。

さらに，因子分析の第二定理は，因子負荷量の積和が相関係数であることを示しているのでした。定理の式は次のようになります。

$$r_{jk} = a_{j1}a_{k1} + a_{j2}a_{k2} + \cdots + a_{jm}a_{km}$$

尺度における妥当性を考えるうえで，1 つは外的な基準を置いて判断することができる，ということでした。つまり予測変量と被予測変量の相関係数（回帰係数）で考えることができます。項目 j と k の相関係数が高ければ，一方を基準としたときに他方が説明する程度が大きいことになりますから，r_{jk} は大きいに越したことはありません。

第二定理はこの相関係数が，因子負荷量の積和で表されることを示しています。ある因子における因子負荷量 a_{jn} と a_{kn} が異符号である，つまり 1 つの因子の中であっちこっちバラバラの向きを向いているような項目関係であれば，この積和は平均するとゼロになりますから，相関係数 r_{jk} は必然的に小さくなってしまいます。まったく因子負荷量のあり方が違う項目群から，高い相関係数は得られないわけです。測定には一義性が必要である，などともいわれますが，要するに項目の意味は一貫している必要があるのです。

このことからわかるように，因子分析モデルは尺度の妥当性についての理論的基礎も与えているともいえるのです。

[*9] 独自因子 d_j^2 は $d_j^2 = b_j^2 + e_j^2$ という形にさらに分解することがあります。この場合 b_j^2 は特殊性といい，まったくの誤差である e_j^2 とは区別して考えます。このほうが精緻な議論ができるからですが，実質的に違いがあるものではありませんので，本書では議論を簡略化するために省略しています。

因子分析の中身は，測定に関する様々なメッセージを含んでいるということが
いえるでしょう。

引用文献

Grimm, L. G., & Yarnold, P. R. (2001). *Reading and understanding more multivariate statistics.*
　　American Psychological Association./小杉考司（監訳）(2016).　研究論文を読み解くための多
　　変量解析入門応用篇─SEM から生存分析まで　北大路書房

第IV部

その他の多変量解析

第Ⅳ部　その他の多変量解析

第10章

構造方程式モデリングによる統合

　本書では多変量解析を大きく回帰分析系と因子分析系に分け，両方のモデルの基礎についての説明をしてきました。さてここで改めて，第3章の図3.3を見てください。回帰分析系と因子分析系のグループの中に，様々な分析モデルの名前が含まれています。図中に出てきた分析名の中でも代表的なものを抜き出してみると，次のようなものがあります。

1．主成分分析
2．正準相関分析
3．判別分析
4．分散分析（ANOVA），および共分散分析
5．多次元尺度構成法
6．クラスター分析
7．数量化Ⅰ類
8．数量化Ⅱ類
9．数量化Ⅲ類
10．数量化Ⅳ類

　これらの名前を覚えるだけでも大変そうですし，ここに含まれていない分析名を目にすることがあるかもしれません。しかし，図3.3（p.41）の端を見ると，囲って「構造方程式モデリング」と書かれています。これが意味するのは，構造方程式モデリングがこれらのモデルを統合している，ということです。言い換えるなら，これらのモデルはほとんど構造方程式モデリングの下位モデルとして表現されるのです。

そこでこの章では，構造方程式モデリングの下位モデルとして，各分析法をみていくことにしましょう。その中でもフォローアップできない，その他の分析法については最後の章で論じることにします。

ではその前に，構造方程式モデリングとはどういうものであるかを説明しましょう。

10.1 構造方程式モデリングとは
10.1.1 パス解析からSEMへ

回帰分析の中ではふれませんでしたが，かつては（重）回帰分析を連続的に施して，影響力の流れを見る"パス解析"という分析方法がありました（図10.1）。

パス解析は，影響力が $X_1 \to X_2 \to X_3$ ……と流れていく，影響力のパスを見ることができる分析方法です。社会学系の中ではよく見られるものですが，実は実践の方法に問題があります。それは，同じデータに対して何度も分析をくり返すというところです。

$X_1 \to X_2$ の関係を回帰分析で見た次に，$X_2 \to X_3$ の関係についても回帰分析をしたとします。このとき，X_2 が2回使われていることになりますね。厳しい言い方をすれば，これはデータの水増し，少なくとも使い回しをしていることになります。これは統計学的にも薦められたものではありません。また，結果の解釈にしても困難が生じます。それぞれの回帰分析において，適合度として R^2 を計算することができますから，前のパスは適合度がよかったけど，後ろのパスは適合度が悪かった，というようなことが生じます。この場合，全体的によいのか悪いのかという統合的判断ができないという問題があります。

ちなみにここでは回帰分析だけに限って説明しましたが，回帰分析と因子分析の違いは，説明変数が潜在的なものか顕在的なものかという違いだけ，ということもできます。目に見えるデータ X で Y を説明するのか，目に見えない因子 F

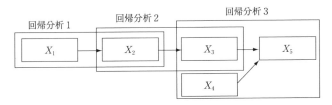

図10.1　パス解析のモデル図

でYを説明するのか、という違いといえばよいでしょうか。

因子分析を介したパス解析をするときも、問題があります。因子分析によって因子を特定し、因子得点を算出し、因子得点を説明変数にして別の変数に回帰分析を行う、という分析の流れをとることができますが（かつてはよく行われていました）、これも因子分析の評価と回帰分析の評価で、データをくり返し使っていることになりますし、適合度もそれぞれに算出されて、研究全体としての統合的判断が難しい、という問題があるのです。

分析者にとって、得られるデータは1つしかありません。それを何度も切り貼りして、一部は因子分析に、一部は回帰分析に、あるいは何度か回帰分析を行って、という使い方をしているのは、データの水増しをしているようなものだ、というのはすでに指摘した通りです。実質的に得られる情報は全体の共変動で、すべてのデータからなる分散共分散行列 S ただ1つの中に、すべて埋め込まれているのです[*1]。

そこで、全体的な分析モデルの見通しを立ててから、一度に分析をすることを考えます。回帰分析モデルや因子分析モデルなど、様々なモデルから組み上げられる全体像をまず考えるのです。この全体像から、理論的にどの共分散要素にどのような係数が含まれているかを書き下し、モデル上の分散共分散行列を組み立てます。この理論的行列と、実際に得られた数値としての分散共分散行列をイコールで結んで、方程式を解くことで、係数を一度に算出すればよいのです。このようにすれば、全体としてのモデル適合度はどれくらいかを評価することができますし、同時にモデルのもつ各係数（回帰係数、因子負荷量など）を考察するこ

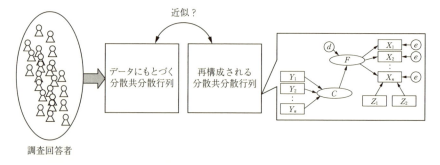

図10.2　SEMのイメージ

[*1] 因子分析は相関行列から分析を開始しますが、相関行列は分散共分散行列から平均と標準偏差の情報を抜き去ることで算出されています。言い換えると、分散共分散行列のほうが相関行列よりも情報量が多いことになります。ですから多変量解析一般の話をするには、分散共分散行列に基づいて議論が進みます。

ともできます。このように，データをモデルごとに小分けにするのではなく，デ
ータ全体にモデル全体を当てはめてしまおう，という考え方をもつ分析方法を，
共分散構造分析，あるいは構造方程式モデリング（Structural Equation Modeling：
SEM）といいます（図10.2）。

10.1.2　モデル・ダイアグラム

　構造方程式モデリングでは，分析モデルの全体像を一気にデザインするという
ことでした。これを数式で理解するのは大変ですが，図示することでモデルのイ
メージがつきやすくなります。ここではモデル図（ダイアグラム）の描画法を解
説します。基本的には，次の2つのルールを把握しておけばよいだけです。

相関と因果の矢印

　まず，変数間関係を表す必要があります。関係には因果関係と相関関係の2種
類が考えられます。一方が他方の原因となっている，あるいは一方を他方が説明
する関係にある，と考えればそれは因果関係です。特にそうした方向性を考えな
いのであれば，相関関係であるといえます。

　こうした変数間関係を表すのには，矢印を用います。因果関係は一方向の矢印
で，相関関係は双方向の矢印で表現します。変数 x が y の原因となっている，と
いう関係を図示するには，$x \to y$ と描きます。明確な因果方向がわからない場合
は，$x \leftrightarrow y$ と描きます。非常に直感的ですね。

観測変数と潜在変数

　次に，変数を観測変数と潜在変数とに区別します。観測変数とは，目に見えて
表れてくる変数のことです。つまり，実際に得られるデータのこと，スプレッド
シートに入っている数字群のことです。

　これに対して，潜在変数とは何でしょうか。因子分析は背景にある要因を明ら
かにするものです，という話をしたかと思います。その背景にある要因を変数と
考えた場合，目に見えないものですから，これを潜在変数とよぶことにします。
知能テストの背景にあるのは知能という目に見えない変数であり，性格テストの
背景にあるのは性格という目に見えない変数だ，と考えるわけです。

　図にするときは，この目に見えない変数も描かなければならないので，観測変
数と区別した描き方が必要になってきます。一般に，観測変数は四角で囲み，潜
在変数は円，あるいは楕円で囲むことになっています（図10.3）。

図 10.3 変数の表記法

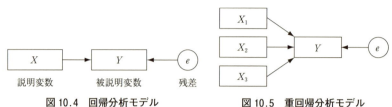

図 10.4　回帰分析モデル　　　　図 10.5　重回帰分析モデル

さてこれで準備は終わりです。実際に，回帰分析や因子分析のモデルを図示してみることにしましょう。

回帰分析モデル

回帰分析モデルのダイアグラムを図 10.4 に示しました。図にあるように，説明変数（独立変数）も，被説明変数（従属変数）も観測された変数であり，矢印の方向は一方向です。また，被説明変数には潜在変数として e が添えられています。これは，説明変数によって説明しきれない残り（残差）を表したものです。

説明変数の数が増えた回帰分析モデルを特に，重回帰分析というのでした。モデル図は図 10.5 のようになります。

因子分析モデル

因子分析モデルのダイアグラムを図 10.6 に示します。図にあるように，説明変数が潜在変数になっていることがわかります。また，1 つの説明変数が多くの被説明変数へ因果的影響を及ぼしていますね。これは多くの観測変数間の相関関係から，背後の要因を取り出している，ともみることができます。たった 1 つの観測変数から 1 つの因子を取り出すことは不可能です。もちろん，複数の因子を取り出すことも不可能です。多くの観測変数があってはじめて，観測変数どうしの関係をヒントに，因子を取り出すことができるのです。

合体させたモデル

構造方程式モデリングでは，分析全体のモデル図を描くということでした。例えば図 10.7 のように，因子分析モデルと回帰分析モデルを含んだような全体図

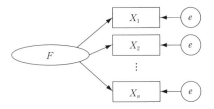

図 10.6　因子分析モデル

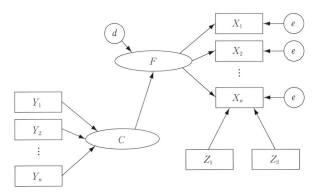

図 10.7　全体的分析モデル

を描くことができます。これは変数 $X_1 \sim X_n$ に潜在変数 F を仮定し，$Y_1 \sim Y_n$ から合成変数 C を作成，$C \to F$ という因果関係も考え，また変数 X_n は Z_1, Z_2 という変数から影響を受けている，という分析全体の構想です。言葉で表現すると面倒ですが，図を見れば変数間の関係はよくわかるのではないでしょうか。

　社会調査の実践場面では，事前にこのような分析モデルを画き，それに基づいて調査計画を整理していくことをお勧めします。分析の図を描くことで，ある概念を測定するためにはどのような項目が必要か，あるいは準備した項目から得られるであろう要因はどのようなものがありえるのか，調査項目に過不足はないか，ということが確認できるからです。

　さらに，現在のコンピュータの発展は，こういった複雑な分析も一瞬でやってのけるようになりました。図 10.7 のような分析ダイアグラムそのものをコンピュータに入力し，観測変数を指定してやるだけで，推定値を算出することもできるのです。一度に分析しますので，データの水増し問題はありません。また，モデル図全体に対する適合度を算出することができます。SEM の分析結果は，（回帰）係数の大きさ，統計的有意確率の他に，モデル全体の当てはまりを「適合度指標」という数値で評価するのです。適合度指標として考えられているものは，

196 第Ⅳ部 その他の多変量解析

GFI, AGFI, AIC, BIC, CFI, RMSEA など様々なものが提案されています。詳しくは Grimm & Yarnold（2001／2016）や，小杉・清水（2014）を参照してください。

　SEM は今までできなかった，データの全情報量を隅々まで使い尽くすことのできる，まさに究極的な多変量解析法といえるでしょう。今後も SEM が多変量解析の中心になっていくことは間違いないと思いますが，見た目と使い勝手のよさとは裏腹に，その背後に潜む数学的基礎は，数学を専門としないものにとっては非常に難解であると言わざるをえません。しかし，基本的には回帰分析的説明モデルか，あるいは因子分析的な潜在変数を扱うモデルであることは間違いないので，本書で学んだことをもとに，イメージを膨らませながらつきあうだけでも，実用には十分耐えうるものと確信しています。

10.2　構造方程式モデリングの下位モデル

　以下では，従来の多変量解析のモデルがどのように構造方程式モデリングとして表されるかをみていきましょう。中にはより進んだモデルに組み込まれてしまうため，今ではその名称を改めて聞くこともなくなった分析も出てきますが，多変量解析モデルの懐かしいコレクションとしてご紹介できればと思います。

10.2.1　主成分分析

　主成分分析（Principal Component Analysis: PCA）とは，変数を合成していくことによって，個人差を際立たせることを目的としています。より正確に言うならば，各変数に重みをつけて合成変数を作るのですが，その合成変数の分散が最大になるように重みを決定する方法ということができます。

　次のような例を考えます。国語の成績と，数学の成績があったとして，それをもとにある合成変数 $Y = w_1$ 国語 $+ w_2$ 数学を作るとします。国語の点数に w_1 を，数学の点数に w_2 を掛けて点数を変換しますので，個々人ごとに合成変数 Y_i が算出されることになります。この Y_i の分散が最大になるように重み w を決めることで，国語と数学のそれぞれが個々人の特徴を見いだすのにどれほど有用な変数であるか，が明らかになるというわけです[*2]。

　主成分分析は，因子分析に似たモデルであるといわれますし，また実際，この

---

*2　これだけでは条件として不十分で，実際にはさらに $w_1^2 + w_2^2 = 1.0$ という条件を追加する必要があります。

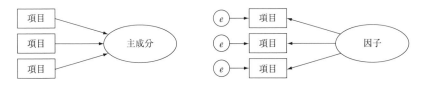

図 10.8 主成分分析と因子分析の違い

両者の違いについて初学者が混乱するところでもあります。もちろん詳細をみていくと，これは似て非なるものであることがわかります。

主成分分析と因子分析との最大の違いは，因子分析における共通性の推定についてのものです。因子分析は共通性を推定しますが，主成分分析はそれをしません。これは，主成分分析は項目に誤差を認めないことを意味しているともいえます（図 10.8 参照）。因子分析は心理学的な背景をもつので，得られたデータに誤差が入る可能性を考えずにはいられませんでした。そのため因子分析の手法の中に，共通性の推定に関する問題，というトピックスが生まれるほどです。これに対し，心理学的ではない尺度，すなわち誤差がない，あるいはほとんど無視できる程度のものであると考えられる数値（例えば，身長，体重などの物理特性，国民総生産などの経済的指標）には，主成分分析のほうがふさわしいといえるでしょう。

この他の違いとして，因子分析は一般に相関行列から分析を始めるものを指しますが，主成分分析は分散共分散行列から始める，という違いがあります。これも先ほどと同様，因子分析は心理学的な背景をもつので単位が明確でないことが多いため相関行列を前提とし，単位が明確な分野では標準化しないデータセットから始めるのが自然なのです。また，因子分析は軸の回転をするが主成分分析はしない，という違いを強調する場合もあります。これは主成分分析が「最も特徴的な合成変数を 1 つ」作ることを目的としているととらえた場合，第 2，第 3 の成分まで求める必要がないことによります。実際そのような成分を求めることに何の問題もないですし，軸の回転をする主成分分析があっても問題ありません。最大の問題は，些細なこととはいえ，これらの違いに無自覚のまま分析を機械に任せてしまうことだといえるでしょう。

ところで，因子分析では計算途中に逆行列を算出する過程があるのですが，逆行列が作れずに計算がとまる場合があります。例えばこれは，項目数が m，データ数が N としたとき，$m > N$ のときに起こる問題です[*3]。しかしそのような場

---

*3　行列の中に潜む独立な次元の数，階数の問題です。

198 第IV部 その他の多変量解析

合でも，共通性の推定値を用いない主成分分析では，解を求めることができます。このように，因子分析の中でも主成分解を求める，という形で使われることがあるのです。ただし，これはあくまでも因子分析の代替案として用いるという分析のコツのようなものであって，因子分析と主成分分析のどちらを使うかは，用途に即したものであるべきでしょう。

10.2.2 正準相関分析

正準相関分析（canonical correlation analysis）は，非常に一般性の高い分析方法でありながら，実例としてあまり用いられていない分析です。理論的難解さがそうさせるとは思うのですが，最近ではより一般的な SEM を用いると意外と簡単に表現できることもあり，ますます正準相関分析そのものを行う機会は減るでしょう。つまり，SEM で分析をしていたら，気がつけばモデルの内部に正準相関分析を含んでいた，ということがあるかもしれません。

"canonical" とは，「規範的な，標準的な，基準の」という意味です[*4]。多変量解析では通常「正準」と訳すのですが，その意味はより一般的な基準を求めることであり，具体的には2つ以上のデータの相関が最大になるように，全体を調節するということを指します。

主成分分析では，合成変量の重みをつけるときに「個体差が最大になるように」という条件下で解を得るのでした。すなわち，$Y = w_1X_1 + w_2X_2$ の Y の分散を最大にするように，解を求めるのです。正準相関分析は，2つ以上のデータ間相関を最大にする，つまり異なる合成変量 $U = v_1Z_1 + v_2Z_2$ があり，この Y と U の相関 r_{YU} が最大になるように，w_1, w_2, v_1, v_2 を求めるというモデルです。こうすることで，どちらの尺度も最大限に生かしたうえで，両者の重みを決定でき，さらに副産物として，両者の共通因子（次元）を発見することができるという利点があります。

実際には，2つの尺度 A と B をいったんバラバラに因子分析したうえで，両者の因子得点から作られる合成得点の相関を最大にする重みを見いだす，といった用法が考えられます。このとき尺度 A と B は単位が異なっていたり，一方が5件法で他方が7件法だった，ということがあってもかまわないので，より進んだ多変量解析ができることになるわけです。

これは言い換えれば，複数の因子分析結果を主成分分析するようなものです。

---

*4　因子分析にも正準因子分析とよばれるものがあります。5.4.1 節参照

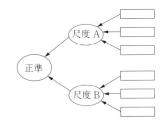

図 10.9 正準相関分析を構造方程式
モデルの図式で表した図

何だか面倒なプロセスを経ているように思えますが，モデル図として描けば図 10.9 のようになり，イメージがしやすくなります．

10.2.3 判別分析

判別分析（discriminant analysis）は重回帰分析に似ています．例えば判別する対象が 2 群の回帰分析は，予測される変数が 0 か 1 かの 2 値，いわゆるダミー変数になっている回帰分析です（ロジスティック回帰分析をすることになります）．判別という名前は，例えば 0 を健常，1 を病気と読み替えれば，回帰によって得られた予測値（0 か 1）が病気かどうかを判別しているようにみえるというところからきています．もちろん判別分析というだけあって，2 群だけではなく 3 群以上の判別対象を判別することもできます．

ただ，例えば 3 群を判別する場合も，群 A を $[1, 0]$，群 B を $[0, 1]$，群 C を $[0, 0]$ のような 2 要素からなるダミーデータとすれば，正準相関分析で扱うことができます．2 つの要素それぞれに適切な重みを掛けて，合成変数を作ることで 3 つを判別するからです．実際の計算は回帰分析より主成分分析に近く，群を適切に判別するような重みをつけた，合成変数を作ることによって判別式を得ることになります．

とはいえ最近は，ロジスティック回帰分析の展開として 3 群以上の判別分析を行うことが一般的です．反応カテゴリが 2 つの場合はロジスティック回帰分析ですが，複数の水準がある場合は多項ロジスティック回帰とよばれます．複数の水準のうち，任意のある水準をベースラインとして，それに比べて他の水準がどれほど選ばれやすいかの確率としてモデルを組むことになります．

詳細は専門書に譲りますが，ここでは被説明変数が質的データで，独立変数が量的データになっている回帰だと思っておけば間違いありませんし，後の数量化の理解にも役立つでしょう．

10.2.4　分散分析と共分散分析

分散分析と線形モデル

　判別分析は，被説明変数がダミー変数になっている回帰分析のことを指します。では独立変数がダミー変数，あるいはカテゴリに分けるだけの変数（名義尺度水準）であった場合はどうなるか，ということを考えてみましょう。

　図 10.10 に示したのが，変数の水準が違うときの，回帰分析のバリエーションです。回帰分析は基本的に，独立変数 X も被説明変数 Y も量的変数（連続変数，具体的には間隔/比率尺度水準のデータ）のことを指します。ここで，被説明変数が質的になると，図 10.10（B）に示したように，判別分析とよばれます。変数が質的になるというのは，言い換えれば離散的な変数になるということです。例えば「男性（Y_1）／女性（Y_2）」とか「健常／病気」といったカテゴリの上にだけデータが散らばることを意味します。このとき，原因と考えられている独立変数が，どれぐらいになれば被説明変数のカテゴリが変わってしまうのか，というこ

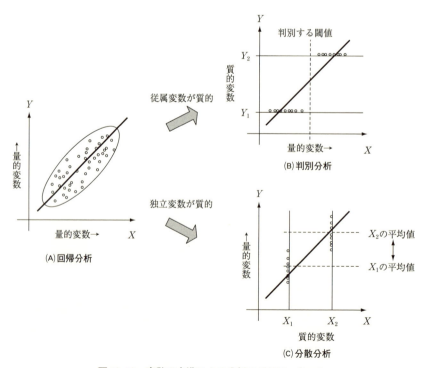

図 10.10　変数の水準による分析のバリエーション

とに興味があるので，判別する閾値（いきち）に注目することになります。

　一方で，説明変数のほうが質的変数になってしまうと，図10.10（C）に示したように「男性（X_1）／女性（X_2）」というカテゴリの上にだけデータが散らばることになります。この場合は，カテゴリ別の平均値がどれほど違うのか，ということに目がいくことになりますね。これが分散分析とよばれるものであり，平均値の比較も線形モデルというグループとしては同じなのでした[*5]。

　また，回帰分析には独立変数の種類が増えた重回帰分析というモデルがあるように，分散分析でも複数の独立変数を用いることがあります。この場合は，それぞれの変数の説明力に加え，2つの独立変数が組み合わさって影響する場合の説明力（特に交互作用，interactionという）も検証するのが一般的です。

　重回帰分析の文脈では，一般に独立変数どうしの相関がないものとして考えます。多重共線性の問題が生じるからです。とはいえ，交互作用のようなことを考えたい，という場合は，交互作用項を後から追加する，階層的重回帰分析という方法もあります[*6]。

共分散分析は分散分析の応用

　この分析はよく，「共分散構造分析」と似ているので間違われやすいものです。しかし似ているといっても日本語において似ているだけであって，英語表記では略してANCOVA（ANalysis of CO-VAriance）とよばれるものになります。

　共分散分析は，分散分析と回帰分析を組み合わせたようなものだと考えればいいでしょう。例えば学校Aと学校Bとで，学力テストの点数に差がみられたとします。この結果からB校がA校より成績がよい，という結論を出すのが分散分析という手法です。一方で，別の要因，例えば学生1人ひとりの自習時間と成績の関係はどうなっているか，と考えたとします。そこで（A校とB校のデータをまとめて）自習時間と学力テストの散布図を見てみると，それほど大きな相関係数がなさそうだ，ということがわかったとします。これは回帰分析的発想ですね。さて，これを組み合わせるとどういうことがわかるでしょうか。回帰分析によれば，自習時間と学力には関係ないということだったのですが，この散布図には2つのグループが含まれているのです。この，学校が違うという要因を統制して回帰分析を行ってみることを考えます（図10.11）。

[*5] この例では独立変数が2種類のカテゴリしかありませんが，一般に分散分析は3種類以上のカテゴリに別れるデータを分析するものです。2種類の場合は，より精緻なt検定が用いられます。

[*6] 階層線形モデルと勘違いしやすいので，この名称は個人的にはあまり使いたくありません。説明変数を順序立って入れていくという意味での「階層的」で，逐次投入法の1種ととらえたほうがよいでしょう。

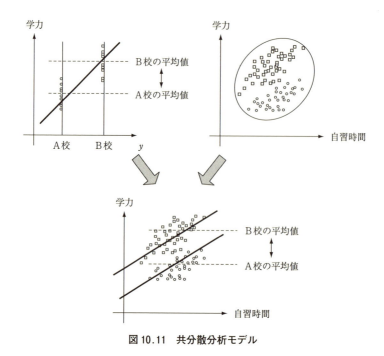

図 10.11　共分散分析モデル

　自習時間 X から，テストの成績 Y を予測する回帰関数は，

$$\hat{Y} = aX + b \qquad [10.1]$$

となります。これに，学校 A を 1，学校 B を 0 と表すダミー変数 S を加えて，

$$\hat{Y} = aX + b + cS \qquad [10.2]$$

とした回帰式を考えるとしましょう。これが共分散分析の考え方で，重要なのは「平均値が異なるけれども，回帰係数 a は同じである」というモデルになっています。

　このように，分散分析に回帰分析を組み合わせて精緻化したのが共分散分析（図 10.11）だ，といわれてきました。

　ところで，この説明に似たような話をどこかで聞いたことはありませんか？そうです，これは階層線形モデルの一部なのですね。切片のところに集団レベルの効果を入れたモデルが共分散分析だったわけです。階層線形モデルのところでお話ししたように，今では傾きにも集団レベルの説明を入れることができますし，もっともっと階層性を増やしていくことだって可能です。そういう意味で，共分散分析も徐々により大きなモデルに取り込まれていき，その名前が残らなくなる

のかもしれません。

引用文献

Grimm, L. G., & Yarnold, P. R.（2001）. Reading and understanding more multivariate statistics. American Psychological Association.／小杉考司（訳）（2016）. 研究論文を読み解くための多変量解析入門応用篇—SEM から生存分析まで 北大路書房

小杉考司・清水裕士（編）（2014）. M-plus と R による構造方程式モデリング入門 北大路書房

204　第Ⅳ部　その他の多変量解析

第11章

質的なデータに対する多変量解析

　さて前章で，究極の多変量解析モデルである SEM を紹介してしまいました。情報として手に入る，変数どうしの分散・共分散を隅々までモデル化してしまうのが SEM ですから，究極の分析法といってよいでしょう。

　といっても，多変量解析に含まれるモデルはこれだけではありません。

　SEM は，分散共分散行列（あるいはそれを標準化した相関行列）を分析し尽くすモデルなのですが，このスタート地点，つまり分散共分散行列以外の形でデータが与えられた場合が考えられるのです。例えば，順序尺度水準や名義尺度水準で得られるデータを考えることができます。共変動というメカニズムに言及することなく，表面的なデータの類似性だけから分析をしていく方法もあります。以下ではそれらを概観して，本書を締めくくることにします。

11.1　データの類似性：距離

　本書では変数間の関係として共変動，共分散に注目して話を進めてきました。そこには共分散の中にメカニズム（因果関係や潜在変数）がある，と考える視点があったのですが，そういった内部的なメカニズムを求めない場合，わからない場合でも，変数間関係が得られることがあります。

　その代表的なものが，距離関係です。どういう位置関係かはわからないけど，相対的な距離関係だけはわかるということがありえます。例えば大阪市と京都市は 70km ほど離れています。京都市と奈良市は 50km ほど離れています。関西の地理に詳しくない人にすると，東西南北の方向性はわからないかもしれませんが，頭の中でこれらのイメージをすることはできます。

　他にも例えば，日本とアメリカ，日本と中国の貿易を考えてみましょう。交易

第 11 章 質的なデータに対する多変量解析　　205

されている商品やサービスは実に多彩なものがあるでしょうが，貿易赤字・貿易
黒字などというように総合計金額だけでの関係の深さ，浅さが表現されることが
あります。

このようなデータから分析をする場合，個別のデータ (X_i, Y_i) はわからなく
とも，全体的かつ相対的な関係がわかっている場合についての分析モデルがある
のです。

こうした関係を表現するキーワードが「距離」です。これらは「類似度・非類
似度」や「共頻関係」など，文脈によって異なる表現がなされることがあります
が，本質的には表面的な変数どうしの近さ（＝距離）を考えていることになりま
す[*1]。

距離の数学的な定義は，以下のようなものです。

距離　集合 X の任意の二元 x, y に対して，負でない実数 $\rho(x, y)$ が一意に対
応していて，以下の三つの公理を満たすとき，X に**距離**または**計量 metric**
が与えられたという。

1. $\rho(x, x) = 0$ であり，$\rho(x, y) = 0$ ならば $x = y$
2. $\rho(x, y) = \rho(y, x)$
3. 任意の三点 x, y, z に対して $\rho(x, z) \leqq \rho(x, y) + \rho(y, z)$ を満たす（こ
れを特に**三角不等式**と呼ぶ）。

（出典：岩波数学辞典　第 3 版）

距離の定義は意外と単純で，この 3 つの条件さえ整っていればよいのですから，
いくつかのバリエーションが存在します。最もよく用いられるのは，ユークリッ
ド距離ですが，この他にもマンハッタン（manhattan）距離，マハラノビス
（mahalanobis）の距離，一致係数などがあります。
以下では 2 点，α と β について，P 次元で数値化された座標があるときの，様々
な距離の定義を説明します。

■ユークリッド距離　ユークリッド距離は，

---

*1　例えば心理学的な文脈では，類似度・非類似度（似ている―似ていないの測度）が使われることがありま
す。また，テキストマイニングの文脈では同じタイミングで出現したかどうか（共通の頻度）という意味
で，単語どうしの距離を共頻関係，とよぶことがあります。

$$d_{\alpha\beta} = \sqrt{\sum_{i=1}^{P}(x_{\alpha i} - x_{\beta i})^2}$$ [11.1]

で表されるものです。最も一般的に用いられている距離でしょう。

■**マンハッタン距離** マンハッタン距離とは，市街地距離ともいい，以下の式で表されます。

$$d_{\alpha\beta} = \sum_{i=1}^{P}|x_{\alpha i} - x_{\beta i}|$$ [11.2]

これは図11.1のような，二次元空間を想定してくれればすぐにイメージができると思います。ブロック化された市街地では，A地点からB地点に行くためにC地点を経由しなければなりません。このようなルートをn次元空間にも想定し，距離としたものがマンハッタン距離なのです。

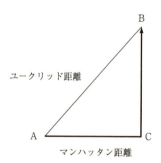

図11.1 マンハッタン距離

■**ミンコフスキーのr-metric** 上記2つの距離は，ミンコフスキーの距離として一般化されます。ミンコフスキーの距離はr-metricとよばれ，以下の式で定義されるものです。

$$d_{\alpha\beta} = \left[\sum_{j=1}^{t}|x_{\alpha j} - x_{\beta j}|^r\right]^{1/r}$$ [11.3]

数式から，$r=1$のときはマンハッタン距離になりますし，$r=2$のときはユークリッド距離になります。rはどんな値でもかまいません。$r=3$や$r=4$のとき，あるいはそれ以降に，特別な名前がついているわけではありませんが，$r=\infty$のときは特に，チェビシェフの距離とよばれます。

■**マハラノビスの距離**　マハラノビスの距離とは，一言で言うと，各変量の主成分得点を分散1に基準化したユークリッド距離のこと，となります．2つの変数があって，それらの距離を考えるときに，その2つの変数が相関していたのでは，単純なユークリッド距離は適切な測度ではなくなります．軸における重みが変わってくるからです．そこでこの相関情報を考慮した距離として，次のような測度を考えます．

$$d_{\alpha\beta} = \sum_{i=1}^{P} \sum_{j=1}^{P} s_{ij}^{-1} (x_{\alpha i} - x_{\beta i})(x_{\alpha j} - x_{\beta j}) \qquad [11.4]$$

ここで s_{ij} は，i, j の分散共分散行列です．

この距離をイメージで表したのが，図11.2です．2つの尺度で測定されたA, Bがあって，それをプロットし，2点間のユークリッド距離を測定すると点線部分になります．しかしこれは，2つの尺度が無相関であること，すなわち直角に交わることを前提としていることになります．心理学的尺度はおうおうにして相関しますから，それを考慮に入れると，2つの尺度はもはや直角に交わっていないし，目盛りも均等であるとは限らないことになります．2つの尺度ベクトルの向きと長さを考慮に入れると，AとBがプロットされる空間は歪んでいるのです．図中の楕円は2つの変数が作る空間であり，同じ同心（楕）円上にあるプロットは，同じ尺度値をもつ（距離はゼロ）と考えるのが，マハラノビス距離です．

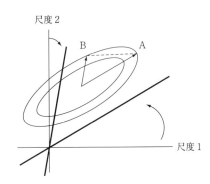

図11.2　マハラノビス距離

マララノビスの距離は，変量が無相関であれば，ユークリッド距離に一致するので，ユークリッド距離の一般的拡張といえます．特に心理学的尺度をもとに考える距離空間には，こちらのほうがふさわしいといえます．

208   第IV部   その他の多変量解析

■一致係数   一致係数は，カテゴリデータのときに有効なもので，すべての変数のうち α と β が一致した割合で表現します。厳密には距離ではないのですが，対象間関係を表している数値としてわかりやすく，便利なものだといえます。

$$d_{\alpha\beta} = \frac{\alpha_i = \beta_i \text{の数}}{\text{変数の数}}$$ [11.5]

分子が「一致しなかった割合」になれば，不一致率となりますが，これは距離の特徴である「似ていれば値が小さい」という考えに合致したものです。

様々な表し方がありますが，ともかくこれらの距離関係を分析する手法として，多次元尺度構成法（MDS）やクラスター分析などがあります。

11.2   多次元尺度構成法

多次元尺度構成法（Multidimensional Scaling: MDS）とは，以下のような特徴をもつものです。

・対象間の距離をデータとする。距離は（非）類似度で与えられることもある。
・出力は幾何学的で，空間に対称がどのように位置するかを検証するもの。基本的に少ない次元への写像が望まれる。
・空間布置を検証するが，軸は原点を中心とした回転対称なので，特に意味を付与しない。
・厳密な距離構造が仮定できる場合は計量的（メトリック）MDS を，心理尺度など厳密な距離構造が仮定できない場合は，限定を緩めた非計量的 MDS という手法を使う[2]。

以上のように説明される MDS ですが，一言で言うと，距離から地図を作る方法ということになります。

具体的な例を考えてみましょう。例えば，東京，広島，京都，名古屋，福岡の五都市間の距離を測ったとします（表 11.1）[3]。

このデータを MDS によって分析すると，図 11.3 のような地図が得られます。これは実際の都市の配置とだいたい一致していることがわかります。

---

[2]   ガットマンの SSA モデルは非計量的 MDS の一種です。
[3]   このデータは日本道路公団（JH）のホームページより，ハイウェイナビゲーターを用いて作成したものです。東京は首都高都心環状線，広島は山陽道広島 IC，京都は名神京都南 IC，名古屋は東名名古屋 IC，福岡は北九州都市高速を選択しました。

第 11 章　質的なデータに対する多変量解析　209

表 11.1　5 つの都市間距離 （km）

	東京	広島	京都	名古屋	福岡
東京		831.1	487.5	325.5	1039.6
広島	831.1		343.7	505.6	208.4
京都	487.5	343.7		162.0	552.1
名古屋	325.5	505.6	162.0		714.1
福岡	1039.6	208.4	552.1	714.1	

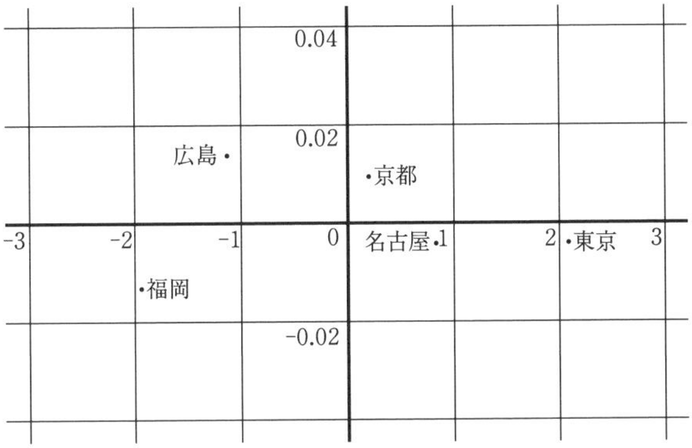

図 11.3　MDS で得られた都市の布置

　ところで，社会調査の応用場面において，「距離データがある」というのはどういう場合でしょうか。1 つはもちろん，GPS などの地理情報を記録したデータがあって，そこから厳密な物理距離を測定したデータが得られた場合が考えられます。その他にも「行動・反応が似ている」という場合に，似ている＝距離が近い，と考えてデータ化することがあります。

　例えば A，B，C の 3 人がスーパーに買い物に行ったとしましょう。A と B との買い物カゴの中には，どちらにも豚肉とキャベツと牛乳と卵が入っていたとします。C のカゴの中には牛乳は入っていますが，その他のものは入っていませんでした。そうすると，A と B の類似度は高く，A と C，B と C の類似度は低い，といってもいいでしょう。言い換えるならば，A と B の買い物のパターンは似ていて，C は違うパターンの人なのです。そこで，共通品目の逆数を両者の（買い物パターンの）距離とすれば，スーパーに来店するお客さんの距離データを手にすることができます。

　そうして距離が得られたら，MDS で地図が描けることになります。そこで実際に，その地図を描いてみたとしましょう。描かれる地図の上下左右に，東西南

210 第Ⅳ部 その他の多変量解析

北という意味があるわけではありません。しかし，地図の相対的な位置関係から，例えば右上のほうには「お肉，卵，牛乳など赤色食品をたくさん買う，モリモリ食べる家族」がいて，その逆の左下方向に「魚，お惣菜，ちょっとしたおつまみなどを買う，食の細い家族」がいる……といったことがわかるかもしれません。そういった，様々な現象の地図を描くことができれば，購買層の把握や買い物パターンの予測，あるいは地図の空白土地にいるまだ見ぬ客層を見つけ出す，という利用方法が考えられるのです。

　MDS はこのように，表層的な類似度から様々な解釈を許す便利さがあり，また反応傾向の内部に（因子分析のような）複雑な構造を仮定しないため，様々なデータに応用が可能です。MDS モデルの中でも様々に発展したモデルが考えられていますので，その中から2点ほど紹介しておきましょう。

■3元データの分析モデル INDSCAL　本書がこれまで扱ってきたデータ例は，ほぼすべて2元データでした。MDS における3元データ分析である INDSCAL は，3元データ分析のモデルの中で，最もよく知られているもののひとつです。

　MDS は距離構造から分析をする手法です。これが，都市間距離のような客観的なデータであればよいのですが，調査対象者1人ひとりから得られたデータの場合（例えば「A社とB社は似ていると思いますか」といった調査で，類似性を評定させるような場合），個人差をどのようにして扱うかという問題が生じます。

　最も単純な方法は，データを取ったN人の平均値を用いて「全体的距離構造」としてしまうことです。しかしこれでは，個人差を無視していることと同じです。複数のデータ行列を処理する以上，共通的基盤も必要ですが，個々人の個性もなるべく残しておきたくはないでしょうか。そこで，個人差多次元尺度構成法（INDividual multi Dimensional SCALing: INDSCAL[*4]）というモデルが考えられました。

　INDSCAL はまず全体の共通次元を考え，そのうえで，個性は共通次元が人によって歪められているもの，ととらえます。まず，共通対象布置空間における対象 j と k の距離を

$$d_{jk} = \sqrt{\sum_{t=1}^{P} (x_{jt} - x_{kt})^2} \qquad [11.6]$$

とします。この x_{jt} は，共通対象布置空間における，対象 j の第 t 次元目の座標値を表しています。個人 i の個性は，この次元が伸縮して表現されます。つまり，

───────────────
＊4　発音は「インスカル」で，"d" を発音しません。「インドスカル」と読まないように注意してください。

個人 i の次元 t に対する重み，w_{it} を考え，個人 i 専用の布置空間における対象 j と k の距離を

$$d_{jk}^i = \sqrt{\sum_{t=1}^{P} w_{it}(x_{jt} - x_{kt})^2} \qquad [11.7]$$

と考えるのです。この d_{jk}^i が，個別に得られた類似度データ δ_{jk}^i に対応するものとして考え，座標値を算出していきます。

INDSCAL を使うと，個人差の表現と同時にベースとなる共通空間を見ることができます。また，その他の MDS と違って軸の伸縮で個人差を表現することから，軸が固定される（東西南北の方位が固定される）ため，軸の解釈を許すという利点もあります。

■非対称 MDS　一般に，対象 A と B の距離は，B と A 間距離に等しいものです。それが距離の定義でもありました。ですがここであえてこの条件を外し，非対称な距離関係というのを考えてみます。

非対称関係は，例えば人間関係ではよくあることではないでしょうか。「片思い」といえばお互いの気持ちが通じ合っていない状態を指しますが，これは A から見た B への心理的近さが，B から見た A に対するそれとは異なっていることを意味する，といえるでしょう。この他にも，国家間の貿易収支の関係や，地方都市間の人口移動，あるいはずっとビールを飲んでいた人が発泡酒に変わることは多いが，発泡酒を飲んでいる人がビールに変わることは少ない，などブランドの変更に関するパターンなど，互いの関係が向きによって等質でない事例は，いろいろなところで見つけることができます。

こういった非対称関係を，非対称情報に意味があると考えて分析する多変量解析法は，この非対称 MDS の例を除いて他に見当たりません。例えば因子分析では相関関係をみるものですから，これは対称にしかなりません（$r_{AB} = r_{BA}$）。主成分分析は共分散をもとに考えますが，これも対称な関係（$s_{AB} = s_{BA}$）です。

数学的な観点から考えれば，分析対象を対称関係に限るとする"制限"がどうして生まれてきたかがわかります。多変量解析は一般に何らかの行列の固有値問題を解くことになりますが，非対称行列の固有値分解は複素数で得られるため，実数の世界で発展してきた多変量解析モデルを応用できないのです。

こういったことから，非対称データも何らかの形で対称形になるように書き換えてから分析するというのが一般的な手法でした。例えば要素 x_{ij} と対応する要素 x_{ji} の平均値を取る，といった加工をしてから分析するのです。このようにして，

212 第IV部 その他の多変量解析

多変量解析モデルは実数の範囲内で収まるようにして，議論されてきたのでした。

　これを超える方法はいくつか考えられます。1つは数学的により一般性の高い，複素数を扱った多変量解析法を考えることであり，千野・佐部利・岡田（2012）のアプローチなどがこれに当たります。その他にも，対象の座標に非対称情報を追記する方法（Okada & Imaizumi, 1984）や，MDS で描かれた地図平面に風が吹いているとか，地面が隆起している，といった別の表現方法で非対称情報を追加する方法（Tobler, 1976-77; Yadohisa & Niki, 1999）などもあります。このように，豊かな表現を可能にしてくれるのも MDS の面白いところです。

11.3　クラスター分析

　クラスター分析は MDS 同様，距離（パターンの類似度）を分析するものです。MDS は地図を描くこと，すなわち視覚的に表現することが目的なのですが，クラスター分析はクラスターとよばれるまとまりに「分類する」ことが目的になります。

　クラスター分析はこれまでの多変量解析の中で，最も単純なものであるといってよいかもしれません。あるいは，少し言葉は悪いですが，最も節操のない分析方法といえるかもしれません。

　因子分析は，回答の背後に共変動（相関係数）というメカニズムを仮定していました。多次元尺度構成法は対象関係が空間に配置されるという仮定がありました。しかし，クラスター分析にはそれがありません。要は，何らかの形で対象関係が数値化されたとき，その数値の大小関係だけを見て，よく似ているものどうしを順にまとめていく，というだけのモデルなのです。

　この仮定の少なさは，メカニズムを想定できないデータであってもまとめ上げることができるという意味で，非常に強力な強みでもあります。分類が終わった後に，それがどういった意味であるかを考える必要はあるのでしょうが，どういう理屈があろうと表面的に似ているグループがあればよい，という目的があれば，クラスター分析で十分なのです。

　クラスター分析には大きく分けて，階層的な方法と非階層的な方法があります。順にみていきましょう。

11.3.1　階層的クラスター分析

　例えば，あるデータから表 11.2 のような対象間の距離関係が得られたとしま

第 11 章 質的なデータに対する多変量解析 213

表 11.2 5つの対象間関係

	A	B	C	D	E
A		5.58	4.76	5.70	4.00
B	5.58		5.84	4.26	4.07
C	4.76	5.84		4.71	4.30
D	5.70	4.26	4.71		4.73
E	4.00	4.07	4.30	4.73	

表 11.3 最短距離法による算出

	X	B	C	D
X		4.07	4.30	4.73
B	4.07		5.84	4.26
C	4.30	5.84		4.71
D	4.73	4.26	4.71	

表 11.4 最長距離法による算出

	X	B	C	D
X		5.58	4.76	5.70
B	5.58		5.84	4.26
C	4.76	5.84		4.71
D	5.70	4.26	4.71	

しょう。

　クラスター分析は対象間関係の近さだけがヒントです。近いものは同じクラスターに入る，という単純なルールを順に適用していく，これが階層的クラスター分析のやり方です。ここでは，A-E 間の 4.00 というのが最も近い（数字が小さい）ので，これをまとめて第1のクラスターとおきます。

　さて，A-E をまとめて1つのクラスターにしましたが，このクラスター（仮にXとでもしておきます）と他の B, C, D との距離をどのように計算するかについては，いくつかのパターンが考えられます。例えば，最も近い数値を使うという方法が考えられます。逆に最も遠い数値を使うことも考えられるでしょう。

　「最も近い数値を使う」のは最短距離法といいます。合併されてでき上がったクラスター X と，B との距離を考えるとき，A-B 間が 5.58，E-B 間が 4.07 でしたから，近いほうの 4.07 を採用し，これを X-B の距離とするのです。以下同様にXとC，Dとの関係を考えると，表 11.2 は下の表 11.3 のように変わります。

　あとはこの中で，次に最も近いものを探すことになります。ここでは X と B の 4.07 が最も近い（値が小さい）ので，これを次のクラスターとしてまとめ上げます。その後の手続きは同じで，全部が1つのグループになるまで続けます。

　逆の「遠い数値を使う」のは，最長距離法といいます。最短距離と逆なので，合併されてでき上がったクラスター X と，C との距離は 5.58 となります。これによって新しく作られる対象間関係は以下の表 11.4 のようになります。

　この他にも「何を次の基準にするか」についてはいくつかの種類がありますし，

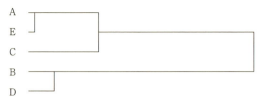

図 11.4　Ward 法の結果

ここが変わると結果も変わりうるものです。様々な手法の中で，最も実用的でよく使われている手法は Ward 法とよばれるものです。Ward 法の考え方は，クラスターとしてひとまとめにしてしまう＝要約することで，欠ける情報を最小にしようとするものです。情報とは分散のことですから，1 つのクラスターに入っている情報の分散と，でき上がるクラスターに含まれる分散の差が大きいと，情報の損失が大きいと考えます。Ward 法では，この情報量の差分を A-B 間の距離と考え，これが最も小さくなるものを 1 つのクラスターとしてまとめるようにしていくものです。

　とにかくこうして，順々に，クラスターのクラスターのクラスターの……とより上位のクラスターへとまとめ上げていくのが，階層的クラスター分析です。階層的クラスター分析の結果は，デンドログラム（樹状図）とよばれる図に表されます。表 11.2 を Ward 法でクラスター分析した結果を図 11.4 に示してあります。図は右に距離をとってあります。これは，あるクラスターに統合されるのに要する遠さだと考えられます。この図から，まず A と E が真っ先にクラスターにまとめ上げられたことがわかります。次に B と D が，その次に A-E クラスターに C が統合されたことがわかります。

　先ほど，クラスター分析はいかなる構造も背後に想定しないモデルである，と説明しました。ですから因子分析などとは違って，いくつのクラスターに分けるのが適切か，ということを判別する基準がありません。ここで 2 つのクラスターに分けたい，と思えば，A-E-C クラスターと B-D クラスターを見いだせばよいし，3 つのクラスターが欲しいのであれば A-E クラスターと C クラスター，B-D クラスターの 3 つだとすればよい，というしかありません。また，図 11.4 は Ward 法による結果ですが，この他の手法を使うと，違うクラスターの形になることも少なくありません。これらの特徴をクラスター分析の長所とみて利用するか，短所として排斥するかは，ユーザーの判断であるといえるでしょう。

11.3.2 非階層的クラスター分析

　階層的クラスター分析は，計算手続きが単純なのでわかりやすい手法なのですが，結果がデンドログラムで表現されることからもわかるように，データの数が多くなるとその木が非常に大きなものになって，わかりにくい結果になってしまいがちです。

　大規模なデータをとにかく3グループに分けたい，といった，クラスターの数が最初から決まっている場合は，非階層的なクラスター分析のほうが好まれます。非階層的クラスター分析の中で最も有名なのが，k-means法（k平均法）とよばれるものです。

　これは最初ランダムに，分けたいクラスター数の数だけ「クラスターの重心」を置くことから始まります。最初は適当な置き方でかまわないのです。次に，適当に設置されたその重心に対して，各データとの距離を計算し，最も距離が近いクラスターにそのデータが所属する，と考えます。このように，いったん適当なグループを決めておいてから，今度はちゃんとクラスター内での重心を計算し直します。分類してから，その代表格を選び直すようなものです。さて，今度は先ほど適当に分けたクラスターのことはいったん忘れて，改めてこの新しい代表者＝重心と，各データとの距離を計算し，より近いクラスターに配置換えを行います。

　このように，重心を決める→距離を測って分類する→重心を決める→距離を測って分類する……という作業を何度も反復し続けるのです。するといつしか，これ以上やっても所属クラスターが変わらない，というところにたどり着きます。そうすると，この分析は終わった，と考えるのです。

　このやり方は単純な計算の反復なので，データの点が多くても比較的すばやく分類できますし，最初からクラスター数を決めてかかれるので利用しやすい手法です。もちろん探索的に研究する場合は，いくつに分けるのかということこそが問題だ，という議論があるのかもしれませんが，大量のデータからすばやく特徴をつかめるという利点はビッグデータの時代に適した手法かもしれません。

11.3.3 その他のクラスター分析

　クラスター分析も様々な応用モデルが考えられています。階層的クラスター分析の，クラスター化された次の代表値の決め方についても様々な議論がありますし，非階層的クラスター分析でもマハラノビス距離に基づくモデルや，確率モデ

216　第IV部　その他の多変量解析

ルに基づくもの（潜在クラス分析といいます），それらを組み合わせたものなどが考えられています。特に確率モデルに基づくものは，統計的指標をもとに適切なクラスター数かどうかを検証する指標を算出することもできます。

　たかが分類，されど分類。興味があれば新納（2007）などクラスター分析の専門書をご一読ください。

11.4　数量化I類とII類

　数量化理論は，質的変数を多変量解析的に扱うための技法の総称です。今まで述べてきた多変量解析は，量的変数を用いたものでした。これを質的変数，特に名義尺度に対して適用するにはどのようにすればよいのか，というのが数量化理論の出発点です。

　量的変数の場合は，共変動の目安がはっきりしていました。共分散や相関係数を用いれば，それがその指標になったのです。これに対し，質的変数は共変動の考え方が，そのままでは適用できません。

　量的変数は数値の連続性を有していますから，順番に並べたり，平均からどれほど外れているかということを数値化することができるのでした。しかし，名義尺度水準の変数は各カテゴリがどの程度の間隔で，あるいはどのような並びで並んでいるのかについて，まったく基準がないものです。例えば質的データは，「男，女」という順で並んでいても，「女，男」という順で並んでいてもかまわないですよね。さらに，「男に1，女に0」というコードを振ってもよいし，「女に1，男に0」でも問題ありません。もっといえば，「男に999，女に4256」といった数字をつけていてもよいのです。名義尺度水準の変数の本質は，対象と数字が1対1対応する，ということだけだからです。

　それでも，他の変数との共変関係から答えを導こうとする多変量解析の基本的スタンスに立てば，何らかの形で適切な数値を割り当てることができるはずです。実は，数量化理論の目指すところは「対応関係がわかりやすくなるように，カテゴリに数値を与える」ことだからです。

　数量化によって与えられる数値は，変数間の対応がうまくとれるように，カテゴリを並び替え，間隔を延ばしたり縮めたりと，順番と位置を調整したものです。例えば5段階の尺度でとられた数値でも，数量化理論にかけると，「1－2－3－4－5」と考えられてきたカテゴリに「1.5－5.2－0.2－4.3－3.8」という順序・間隔を無視したかのような数値が結果として得られることがあります。これ

第 11 章 質的なデータに対する多変量解析 217

表 11.5 数量化の種類

手法	系列	データ	関連する手法
数量化 I 類	回帰分析系	質的変数	重回帰分析
数量化 II 類	回帰分析系	質的変数	判別分析
数量化 III 類	因子分析系	質的変数	因子分析，あるいは正準相関分析
数量化 IV 類	因子分析系	対象間の類似度	多次元尺度法

は無茶なことをやっているのではなくて，得られたデータの中から最大限情報を
引き出すためにはこの並び（そして間隔）がよい，という考えのもとに数値を割
り振っているからです。間隔尺度や比率尺度といった数字のもつ縛りにとらわれ
ず，データから情報を引き出そうとするという意味では，最もデータに対して真
摯な向き合い方をする分析法だといえるかもしれません。

これらの前提をふまえたうえで，表 11.5 にある数量化理論と量的変数の多変
量解析との対応関係をみれば，数量化理論の全体像がつかめるでしょう。以下順
次，数量化 I，II，III，IV 類についてみていくことにしましょう[5]。

11.4.1 数量化 I 類

数量化 I 類は表 11.5 にあるように，重回帰分析の一種であると考えていいで
しょう。重回帰分析の中で，質的変数をもとに量的変数を予測するものが数量化
I 類に相当します[6]。数量化 I 類ではまず，アイテムカテゴリ・データ（質的デ
ータ）をダミー変数に変換します。ダミー変数とは当該項目に反応したかどうか
を，0：反応していない，1：反応した，というように変換した，バイナリデータ
（0 と 1 からなる 2 値変数）のことです。質的変数が 3 項目からなっていたとす
ると，ダミー変数は 3 つからなる数値で表現されます（表 11.6）。このように，
質的変数をダミー変数に変換し，それを独立変数において重回帰分析を行うと，
各質的変数に対する重み（w_j）が求まります。この重みをみて，質的変数の並び
（重みの大きさの順），重要度（重みの大きさ）を判断するのが数量化 I 類という
ものです。

重回帰分析のようなものなので，観測値と予測値との相関である重相関係数 R
や，それを二乗した決定係数 R^2 をもって，当てはまりのよさを考えることがで
きます。

---

[5] 数量化はこの 4 種類だけではなく，V 類，VI 類というのもありますが，データの取り方が非常に特殊にな
っていきますので，本書では割愛します。

[6] 判別分析はこの逆で，量的変数をもとに質的変数を予測するものであったことを思い出してください。

218　第IV部　その他の多変量解析

表 11.6　質的データとダミー変数

回答者	出身地	ダミー変数		
		大阪 (x_1)	東京 (x_2)	名古屋 (x_3)
Aさん	大阪	1	0	0
Bさん	大阪	1	0	0
Cさん	東京	0	1	0
Dさん	東京	0	1	0
Eさん	東京	0	1	0
Fさん	名古屋	0	0	1
Gさん	名古屋	0	0	1

11.4.2　数量化II類

　説明変数だけでなく，被説明変数も質的データ（アイテムカテゴリ・データ）になったときに用いるのが数量化II類です。言い換えれば，固体のグループを判別するように，複数の質的な説明変数に数値を与えるのが数量化II類ということになります。

　くり返しになりますが，数量化I類との違いは，被説明変数の側にあります。被説明変数を最もよく分類するためには，同一カテゴリ内でのばらつきは小さく，カテゴリ間のばらつきは大きい，となるように重みを設定することになります。

11.5　数量化III類とIV類

11.5.1　数量化III類とテキストマイニング

　最近では，テキストマイニングとよばれる研究手法が広く用いられています。ニュースなどでも，最近のホットワードはこれ，といった形で「よく使われている言葉」「よく一緒に用いられている言葉」などを，フォントの大きさや色，空間的配置で表現したものが出てくることがあります。このテキストマイニングとは，従来コンピュータや多変量解析が苦手としてきた，自由記述など自然言語で得られたデータを分析する技術のことです。

　社会調査の実際では，何か意見を収集したいときに「非常にそう思う：5点」「ややそう思う：4点」というように目盛りをふったカテゴリにそって，回答を求めるという調査法を用いるのが一般的です。これは数値化して分析したいという，いわば調査側の必要に応じて作られたものなのですが，本来何もないところから意見を求めるのであれば，自由に語ってもらうのが一番ではあります。

例えば，「あなたにとって幸せなひとときとは何ですか」という調査をしたとしましょう。回答を自由形式にすれば，「お昼寝しているときが幸せだ」とか，「食べているときが幸せだ」「恋人といるときが一番！」などと様々な言葉が出てくると思われます。さて，ではこのように自由に語ってもらったテキストデータを，要約したり情報を抽出したりすることはできないでしょうか。これをするのがテキストマイニングです。

テキストマイニングの中身は，形態素解析（言葉を要素に分ける）と多変量解析です。それぞれの言葉の出現度数を多変量解析的に分析するのです。様々な単語の出現度数が元データですから，名義尺度水準の数値であり，これを分析する技術の1つが数量化Ⅲ類です。

本書で何度も強調しているように，多変量解析の分析におけるキーは常に「共変動」です。同じような動きをしたかどうか，が重要なのです。テキストデータの場合における，この「共変動」とはいったい何に当たるかといえば，「同時発生か，否か」という対応関係だと考えます。「幸せ」という言葉と「お昼寝」という言葉は同時に出てくるが，「食べる」と「お昼寝」という言葉は同時に出てくることが少ない，といった"共変動"にヒントを得て，同時に発生するものは近いもの，そうでないものは遠いものとなるように数値を与えることが，数量化Ⅲ類の狙いなのです。

この同時発生という考え方は，同時に出現した頻度から構成される，単語のクロス集計表として数値化されたものです。数学的にいえば，このクロス集計表を分解するのが数量化Ⅲ類なのです。クロス集計表は順序尺度や名義尺度からでも構成される，最も単純な集計表です。この，質的変数から数学的客観性を保ったままデータの要約が可能であるという特性は，質的研究の弱点とされてきたものを克服する1つの方法だといえます。

ところで，この数量化Ⅲ類は，3つの呼び名をもっています。1つはこの林の数量化Ⅲ類とよばれるものです。また1つは，カナダ在住の日本人，西里静彦によって研究・開発されてきた双対尺度法（dual scaling）という名前です。もう1つは，フランスで発展してきたコレスポンデンス分析（correspondence analysis：対応分析）という名前です。分析ソフトやテキストによっては，用いる名称が異なっているのですが，いずれも数学的には等価なモデルですので，本書では数量化Ⅲ類の文脈で解説していきたいと思います。

220　第Ⅳ部　その他の多変量解析

11.5.2　数量化Ⅲ類の考え方

　質的なデータの構造をみようとすると，この数量化Ⅲ類にたどり着くことになります。クロス集計表を見て終わり，ではなく，その中の構造を数学的に明らかにしようとするための技法だからです。この技法は，（質的データの）内部構造をみるという意味で因子分析的であり，行と列の両方に（その相関が最大になるように）重みをつけるという意味で正準相関分析的であるともいえます。厳密にいえば，カノニカル（正準）因子分析的，というのが最も近いモデルになるでしょう。

　では基本的な考え方をみていくことにしましょう。まず質的なデータを分析する前に，演算操作が簡単な量的変数の場合の復習をしておきます。量的変数の場合，その内部構造を明らかにする方法として，主成分分析や因子分析があるのでした。主成分分析は，X_1，X_2，X_3，……という量的変数に重み w_1，w_2，w_3，……をつけることで得られる合成変数 Y を作る方法でしたね（式11.8）。この合成変数 Y の分散を最大にするように重みを決定するのが主成分分析であったことを思い出してください。

$$Y = w_1X_1 + w_2X_2 + w_3X_3 + \cdots + w_nX_n$$
$$\text{ただし，} w_1^2 + w_2^2 + w_3^2 + \cdots + w_n^2 = 1.0 \qquad [11.8]$$

　この主成分分析は，常にうまく特徴を表現できるか，というとそういうことばかりではありません。例えば血圧と年齢のデータがあって，次のようなクロス集計表が得られたとします（表11.7）。

　この表を見ると，若い頃は血圧が低く，年齢とともに血圧が上がっていることがわかります。このような線形関係が明らかな場合は，主成分分析をすることに意味があるといえるでしょう。しかし，血圧と頭痛（「ない」「たまにある」「時々ある」）の表のような場合（表11.8）はどうでしょうか？

　このような場合は，「血圧が高い人か低い人は，頭痛がある」という傾向が見て取れるのですが，主成分分析では，ここから意味のある主成分を抽出しにくい

表 11.7　血圧と年齢

血圧	20-34 歳	35-49 歳	50-65 歳
高い	0	0	4
普通	1	4	1
低い	3	1	1

表 11.8　血圧と頭痛

血圧	ない	たまにある	時々ある
高い	0	0	4
普通	3	3	0
低い	0	0	5

第 11 章 質的なデータに対する多変量解析 221

表 11.9 並び替えられた「血圧と頭痛」

血圧	ない	たまにある	時々ある
高い	0	0	4
低い	0	0	5
普通	3	3	0

のです。

　というのも，主成分分析はあくまでも変数が一次元上にあること，という条件が課されているからです。すなわち，「1．血圧高い」「2．血圧普通」「3．血圧低い」という順番が保存されていなければなりません。例えばこれが，表 11.9 のようであれば，左下から右上に向けての線形関係がみえるようになってきましたし，主成分分析もその威力を発揮したと思われます。

　数量化Ⅲ類は，この表 11.9 のように，行・列の双方を並び替えることによって，非線形関係において線形性が最大になるものを見つける方法なのです。従来通り間隔尺度で（リッカート法などで）データを取った後，等間隔性や順序性が十分に確保できているかどうかを確認するために，数量化Ⅲ類を行うという利用方法も考えられます。

11.5.3　数量化Ⅳ類

　最後に数量化Ⅳ類について言及しておきます。

　数量化Ⅳ類は，カテゴリ間の類似性の高さを表す指標が得られたとき，この指標をもとに対象に数値を与える分析方法です。数量化Ⅲ類同様，外的基準のない分析法なのですが，その指標の特性から，多次元尺度構成法に近いものとして考えられます。もちろん，量的な多変量データやアイテムカテゴリ・データから相関係数や関連係数を求め，それを類似度として用いることも可能なのですが，関連の度合いを指標化するときに内的アルゴリズムを想定せず，すでにある数値をもとに分解するという意味で直接的でわかりやすい手法だといえます。

　ここで扱われる類似性の数値は，対称でなくてもかまいません。すなわち，AからBに対する類似性と，BからAに対する類似性は必ずしも一致している必要がないのです。しかし，計算途中に対応する2つの類似度の平均を，その両方の類似度とするという計算プロセスが含まれるので，数量化Ⅳ類では結局対称な類似性行列にしてから分析するモデルであるといえます。

引用文献

千野直仁・佐部利真吾・岡田謙介 (2012). 非対称 MDS の理論と応用　現代数学社

Okada, A., & Imaizumi, T. (1984). *Geometric models for asymmetric similarity data.* Tokyo: Rikkyo University, School of Social Relations.

新納浩幸 (2007). R で学ぶクラスタ解析　オーム社

Tobler, W. (1976-77). Spatial interaction patterns. *Journal of Environmental Systems*, **6**, 271-301.

Yadohisa, H., & Niki, N. (1999). Vector field representation of asymmetric proximity data. *Communications in Statistics, Theory and Methods*, **28**, 35-48.

付録A
RとRStudioによる統計環境の準備

統計環境の準備

1 Rとは

Rのインストール

　Rの最大の弱点は,「一文字であること」です。なぜなら,Rについて調べよう,検索してみようとしても,"R"の一文字ではほとんどまともに検索がヒットしないからです。そこで,検索するときは"CRAN"と入力するようにしましょう。CRAN (Comprehensive R Archive Network：包括的なRアーカイブネットワーク) はRのファイルを世界の様々なサーバで共有してもっているネットワークであり,CRANで検索するとRのページ (https://cran.r-project.org/index.html) にたどり着くことができます。そこにはLinux, Mac, Windowsといったそれぞれの OS ごとのダウンロードページがあり,最新バージョン R-3.5.1 (2018 年 10 月 01 日公開) を入手することができます。Windowsユーザーは,baseとある基本パッケージをダウンロードしましょう。より進んだ分析をする場合は,Rtoolsを追加で入手する必要があるかもしれません。Macユーザーはインストール用の.pkgファイルを,Linuxユーザーはディストリビューションごとのフォルダ

図A.1　CRANサイトからRをダウンロードしよう

224 付録A R と RStudio による統計環境の準備

があるので，それぞれのページに進むとインストール方法が記載されていますので，参照してください。

実際のインストールは，インストーラの指示に沿って進めていけばよいでしょう。初心者はデフォルトの設定で，すなわち「次へ」のボタンを押すだけで，最後に出てくる完了ボタンを押せばデスクトップにアイコンが出ているはずです。R をインストールしたら，続いて RStudio もインストールしておきましょう。これはもう，R ユーザー必須のアプリケーションだといえます。

2 RStudio とは

RStudio とは，R を取り込んだ総合環境のことです。R は単体でも十分な機能をもっているのですが，実際に R のソースファイルを読み込んだり，編集したり，結果を保存したり，パッケージを管理したり，といった R に関わる様々な，細々した操作・作業がどうしてもともなってきます。こうした「ファイル管理」や「パッケージの管理」「図版の保存に関する操作」「スクリプトの入力補助」「複数の分析をプロジェクト単位で管理する」といったことをまかなってくれるのが，RStudio というソフトだと思ってください。たとえるなら，R を単体で使っているというのは飯盒炊爨でカレーを作るようなものです。水もある，火もある，包丁もまな板もある。基本的な料理はこれだけあれば，もちろん何だって作れます。しかし，いかんせん不便なこともあるのです。調理場が欲しい，広い流し台が欲しいということもあるでしょう。リクリエーションとしては不便さを楽しめるかもしれませんが，たんに統計の結果が欲しいときにそういう苦労は嬉しくありません。RStudio はまさにそうしたニーズに応えるもので，たとえるならシステムキッチンのような環境を提供してくれるのです。RStudio があれば，ちょっと下味をつけた材料を横に置いておくとか，ちょっと調べているレシピ本を立てかけておくとか，調理に生じる様々なことを全体的にサポートしてくれます。入手しない理由はどこにもないでしょう。

RStudio のインストール

RStudio は，幸いそのまま検索するだけで本家のサイト（https://www.rstudio.com）にたどり着くことができます。そこには Shiny, Rpackage などについての解説もありますが，RStudio を選択しましょう。バージョンはデスクトップ版とサーバ版がありますが，個人で利用するのはデスクトップ版です。RStudio もフリーソフトウェアなので，「RStudio Desktop Open Source Eddition」を選択し

図 A.2　RStudio の基本画面

ましょう。ここでもプラットフォーム（OS）ごとにインストーラを選び，導入することになります。インストールして，はじめて実行すると図 A.2 の画面が表示されます[*1]。

　左下にあるのがコンソール画面。これは R の本体がいる場所で，いわば調理場にあたります。左上にあるのがエディタ画面で，ここに R で実行したいコードを書くことになります。ここに書いたコードは，"Run" のボタンで 1 行ずつ下のコンソールに送られ，実行されていきます。コードはミススペル，ミスタイプがあるとエラーが表示されます。直接 R で実行していると一から書き直さないといけないのですが（もちろん上矢印ボタンで履歴から修正することもできるのですが），コードだけ書いてある場所があれば，そこで修正すればいいので便利です。いわばレシピノートなので，最終的にうまくいったコードだけ書き残しておけばよいでしょう。このコードを保存すると，R ファイルとして保存されます。

　右上には複数のタブがあります。Environment には R が現在メモリの中にもっているデータセット，関数などが表示されています。自分のデータや関数が現在どのようなものとして R に入っているかを確認するには，横の小さな矢印ボタンを押すとよいでしょう。History タブは履歴です。実行したコードがすべて記録されています。かつて実行したコードをもう一度実行したい場合は，この

---

*1　最初は左側がのっぺりした画面が表示されるかもしれませんが，File → NewFile → Rscript と進めば左上に窓が開き，図 A.2 のような四分割画面が現れるはずです。

226 付録A RとRStudioによる統計環境の準備

Historyからコンソールへ，あるいはソース（エディタの中身）へ送ることができます。ConnectionsやGitはデータベースやバージョン管理など，より進んだ使い方をするときに使うものです。

右下にも複数のタブがあります。Filesはファイルが示されています（MacでいうFinder，Windowsでいうエクスプローラーです）。Plotsは図示したものが表示される場所で，ここからPDFやpngなどの画像ファイルに保存，クリップボードにコピーなどの作業ができます。Packagesは現在の環境がもっているパッケージを表示したり，新しいパッケージのインストールや実装（library関数）する場所です。Helpはヘルプ（関数のマニュアル）を調べる画面，Viewerはwebサイトなどを表示する場所です。このように，ただのR（左下のペイン）の周囲に，Rでの実行をサポートする様々な環境が用意されているのがRStudioなのです。作業環境が非常に快適になるので，ぜひ利用していきましょう。

RStudioの展開

RStudioはRでの分析をサポートするためのものですが，今やそのサポート体制がどんどん展開されています。例えば，RStudioでレポートを書くことができます。普通は，分析はRでやり，文章はWordなどワープロソフトを使い，必要な図版をRで書いたらそれを画像ファイルとして貼り付ける，といった使い方をする人がほとんどでしょう。ところが，RStudioを使えばRのファイルだけでなく，Rmd（Rマークダウン）という形式のファイルを作ることで，PDFファイルやWordファイルを作ることができるのです。この形式のファイルの中に，文章はもちろんRのコードを書き込むことができ，でき上がる文書ファイルにはRコードの実行結果としての図，表，数値などを埋め込むことができます。

こうした使い方は，「定型文で数値だけ変わる，毎年の報告書」を作るときに重宝することになります。計算手続きが同じなのだから，データだけ入れ替えれば，数値がすべて書き換わった文章ができるからです。ひいては，科学研究を進めるうえで，再現性を高める効果もあります。分析方法を書き込んだ形で文書が公開されれば，手元の環境で再計算し，再現することができるからです。そのためにはもちろん，データとRコードを公開する必要がありますが，これまで研究室ごとに，あるいは個人的に保管されていたものを公開することで，着実に知見に貢献できるメリットのほうが大きいでしょう。RStudioは文書作成の他にも，ウェブサイトの構築やパッケージ開発などにも便利な機能をもっています。最近はRStudioを用いた書籍も多いので，ぜひ参考にしながら利用していただきたい

付録 A　R と RStudio による統計環境の準備　　227

ところです。

```
1  ---
2  title: "Sample Document"
3  author: "Kosugi"
4  date: "2018/12/22"
5  output: html_document
6  ---
7
8  ```{r setup, include=FALSE}
9  knitr::opts_chunk$set(echo = TRUE)
10 ```
11
12 ## R Markdown
13
14 This is an R Markdown document. Markdown is a simple formatting syntax for authoring HTML, PDF, and MS Word
   documents. For more details on using R Markdown see <http://rmarkdown.rstudio.com>.
15
16 When you click the **Knit** button a document will be generated that includes both content as well as the output
   of any embedded R code chunks within the document. You can embed an R code chunk like this:
17
18 ```{r cars}
19 summary(cars)
20 ```
21
22 ## Including Plots
23
24 You can also embed plots, for example:
25
26 ```{r pressure, echo=FALSE}
27 plot(pressure)
28 ```
29
30 Note that the `echo = FALSE` parameter was added to the code chunk to prevent printing of the R code that
   generated the plot.
31
```

図 A.3　RStudio で分析プログラムを組み込んだ文書を作る

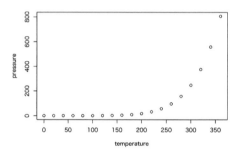

図 A.4　先ほどのコードで作られた HTML 文書
データが変われば結果も自動的に変わる。

付録B
練習問題

〈概念編〉

問 1　尺度の4水準について，それぞれ1つずつ例を示しながら説明せよ。

問 2　データの相と元を説明せよ。

問 3　観測変数と潜在変数の違いを説明せよ。

問 4　因子分析は何を目的として行われる分析か。

問 5　回帰分析は何を目的として行われる分析か。

問 6　最小二乗法とは何か。説明せよ。

問 7　単回帰分析のモデル式を書け。

問 8　因子分析のモデル式を書け。

問 9　単回帰分析と重回帰分析の違いを述べよ。

問 10　単回帰分析の模式図を描け。

問 11　重回帰分析の模式図を描け。

問 12　因子分析の模式図を描け。

問 13　決定係数は何を表しているか。

問 14　因子数はどのようにして決めるか。決めるための基準を3つ以上述べよ。

問 15　因子抽出法を1つあげ，その長所を述べよ。

問 16　探索的因子分析と確認的因子分析の違いを説明せよ。

問 17　バリマックス回転はどのような回転か。

問 18　プロマックス回転とバリマックス回転の違いを述べよ。

問 19　主成分分析と因子分析の違いは何か。

問 20　因果関係と相関関係の違いを述べよ。

問 21　多次元尺度法と因子分析の違いは何か。

問 22　判別分析はどのような分析であるか。簡単に説明せよ。

問 23　対応分析はどのような分析であるか。簡単に説明せよ。

問 24　共分散構造分析はどのような分析であるか。簡単に説明せよ。

問 25　クラスター分析の特徴をあげよ。

〈計算編〉

問1 変数 w, x, y があり，n 人の調査回答者からデータを集めた。第 i 番目の調査回答者の反応はそれぞれ w_i, x_i, y_i とする。このとき，次の指標はどのように計算するのか。計算式を書け。

① w の平均値 $\bar{w}$

② x の分散 s_x^2

③ y の標準偏差 s_y

④ w と x の共分散 s_{wx}

⑤ w と y の相関係数 r_{wy}

⑥ w_i の標準得点 z_{wi}

⑦ w_i の偏差値 ss_{wi}

問2 次の式は何を表しているか。

① $\dfrac{1}{N}\Sigma w_i^2 - \bar{w}^2$

② $\dfrac{1}{N}\Sigma x_i y_i - \bar{x}\bar{y}$

③ $s_{xy}/s_x s_y$

④ $50 + z_{wi} \times 10$

⑤ $\dfrac{1}{N}\Sigma z_{wi} z_{yi}$

問3 変数 x を使って y を説明する回帰分析を行った。$\hat{y} = ax + b$ として，以下の問いに答えよ。

①回帰係数 a を x と y の共分散 s_{xy}，x の分散 s_x^2 を用いて表せ。

②切片 b を x の平均 $\bar{x}$，y の平均 $\bar{y}$，傾き a を用いて表せ。

③$\bar{y} = \bar{\hat{y}_i}$ を示せ。

④誤差 $e_i = y_i - \hat{y}_i$ とする。$\bar{e} = 0$ を示せ。

⑤変数 y の分散 s_y^2 を，予測値 $\hat{y}$ の分散 $s_{\hat{y}}^2$ と誤差の分散 s_e^2 を用いて表せ。

⑥$s_{y\hat{y}} = s_{\hat{y}}^2$ を示せ。

⑦決定係数 R^2 を式で表せ。

付録B　練習問題　231

問4　国語と算数のテストを10人の学生に対して実施した結果を表B.1に示す。
このとき，以下の問いに答えよ。

表B.1　2教科テストのデータ

ID	国語	算数	国語の標準得点	算数の標準得点
1	64	57	2.099	−1.144
2	49	66	−0.380	0.370
3	45	71	−1.041	1.211
4	59	62	1.273	−0.303
5	45	74	−1.041	1.715
6	49	57	E	−1.144
7	50	60	−0.215	−0.639
8	52	61	0.116	F
9	55	59	0.612	−0.807
10	45	71	−1.041	1.211
平均	51.30	A	C	C
分散	36.61	B	D	D
標準偏差	6.05	5.95	1.00	1.00

①空欄Aに当てはまる数値を算出せよ。

②空欄Bに当てはまる数値を算出せよ。

③空欄Cに当てはまる数値を算出せよ。

④空欄Dに当てはまる数値を算出せよ。

⑤空欄Eに当てはまる数値を算出せよ。

⑥空欄Fに当てはまる数値を算出せよ。

⑦国語と算数の共分散を算出せよ。

⑧国語と算数の相関係数を算出せよ。

⑨国語を独立変数，算数を従属変数とした単回帰分析を行った。回帰係数
aを算出せよ。

⑩国語を独立変数，算数を従属変数とした単回帰分析を行った。切片bを
算出せよ。

問5　z_{ij}を調査回答者iの項目jに対する反応の標準得点とする。また，第k番
目の因子に対する因子負荷量をa_{jk}，因子得点をf_{ik}とする。また，因子負
荷量と因子得点については以下の3つの仮定を置く。

i　因子得点は標準化されている。すなわち，$\overline{f_k} = 0$かつ$s_{f_k}^2 = 1$である。

ii　因子間相関がないものとする。すなわち，$r_{f_k f_1} = 0$である。

iii　誤差因子はなにものとも相関しないものとする。すなわち，$r_{d_j f_k} = 0$

232 付録B 練習問題

である。

このとき，以下の問いに答えよ。

① z_{ij} を因子負荷量と因子得点の積和の形に分解する，因子分析の基本公式を書け。このとき，独自性因子を $d_j u_{ij}$ とする。

② r_{kk} を因子負荷量と因子得点の積和の形に分解せよ。

③ r_{kl} を因子負荷量と因子得点の積和の形に分解せよ。ここで，f_{il} とは第 l 番目の因子に対する調査回答者 i の因子得点である。

④共通性を式で表せ。

〈実例編〉

いくつかの食材について，重量およびそれに含まれるエネルギー，たんぱく質，脂質などの成分を測定した。このデータを統計パッケージで分析した結果について，以下の問いに答えよ。

問1 回帰分析を行い，表B.2および表B.3のような結果が得られた。以下の問いに答えよ。

①回帰方程式を書け。

②決定係数はいくらか。

表 B.2　単回帰分析の結果 1

〈モデル集計〉

R	R^2	調整済み R^2	推定値の標準誤差
0.524	0.274	0.240	25.811

表 B.3　単回帰分析の結果 2

〈係数（従属変数は重量）〉

	非標準化係数	標準誤差	標準化係数	t	有意確率
定数	95.843	24.930		3.844	0.001
エネルギー	0.204	0.073	0.524	2.818	0.010

付録B　練習問題　233

問2　重回帰分析を行い，表B.4および表B.5のような結果が得られた。以下の問いに答えよ。

①重回帰方程式を書け。

②決定係数はいくらか。

③ビタミンCの回帰係数はいくらか。

④ビタミンEの標準偏回帰係数はいくらか。

⑤どの変数が最も説明力があるといえるか。

表B.4　重回帰分析の結果1

〈モデル集計〉

R	R^2	調整済み R^2	推定値の標準誤差
0.867	0.752	0.679	16.778

表B.5　重回帰分析の結果2

〈係数（従属変数は重量）〉

	非標準化係数	標準誤差	標準化係数	t	有意確率
定数	102.321	16.320		6.270	0.000
ビタミンA	0.218	0.099	0.313	2.204	0.042
ビタミンB1	−12.650	33.617	−0.062	−0.376	0.711
ビタミンB2	123.984	101.573	0.173	1.221	0.239
ビタミンC	4.500	0.957	0.704	4.703	0.000
ビタミンE	5.045	3.097	0.232	1.629	0.122

問3　因子分析を行い，表B.6〜表B.9，図B.1のような結果が得られた。以下の問いに答えよ。

①因子数はいくつにすべきか。理由とともに述べよ。

②因子軸の回転には何法を用いるべきか。理由とともに述べよ。

③4因子を仮定し，プロマックス回転をして分析をすすめた。第1因子に深く関連している成分を1つあげよ。

234 付録B 練習問題

表 B.6 因子分析結果 1

因子	固有値	寄与率（%）	累積寄与率（%）
1	5.28	44.03	44.03
2	1.80	15.01	59.04
3	1.56	13.03	72.07
4	1.41	11.74	83.81
5	0.74	6.17	89.98
6	0.39	3.27	93.25
7	0.33	2.73	95.98
8	0.25	2.12	98.10
9	0.11	0.93	99.03
10	0.11	0.88	99.91
11	0.01	0.09	99.99
12	0.00	0.01	100.00

因子抽出法：重みなし最小二乗法

表 B.7 因子分析結果 2

〈因子負荷行列〉

	第1因子	第2因子	第3因子	第4因子
たんぱく質	0.860	−0.201	−0.155	0.030
エネルギー	0.848	−0.052	0.150	−0.505
食物繊維	0.790	0.357	0.170	0.389
鉄	0.776	−0.104	0.070	0.441
食塩相当量	0.757	0.231	0.026	−0.049
ビタミンE	0.712	−0.195	0.150	−0.222
ビタミンB2	0.708	−0.327	−0.120	0.318
脂質	0.557	−0.472	−0.295	−0.293
ビタミンC	0.492	0.309	−0.267	0.296
ビタミンB1	0.100	0.814	−0.583	−0.074
炭水化物	0.429	0.547	0.617	−0.368
ビタミンA	−0.232	−0.023	0.581	0.400

表 B.8　因子分析結果 3

〈因子パターン行列〉

	第1因子	第2因子	第3因子	第4因子
鉄	0.921	0.005	−0.083	−0.137
食物繊維	0.902	−0.254	0.272	0.114
ビタミン B2	0.745	0.290	−0.290	−0.142
ビタミン C	0.643	−0.057	−0.103	0.394
たんぱく質	0.547	0.521	−0.050	0.016
食塩相当量	0.423	0.210	0.340	0.187
脂質	0.015	0.863	−0.182	−0.044
エネルギー	−0.023	0.689	0.569	−0.034
ビタミン A	0.245	−0.684	0.151	−0.499
ビタミン E	0.180	0.494	0.300	−0.177
炭水化物	−0.117	−0.154	1.072	0.000
ビタミン B1	0.071	−0.053	0.048	0.996

表 B.9　因子分析結果 4

	第1因子	第2因子	第3因子	第4因子
第1因子	1.000	0.473	0.431	0.010
第2因子	0.473	1.000	0.288	−0.070
第3因子	0.431	0.288	1.000	0.081
第4因子	0.010	−0.070	0.081	1.000

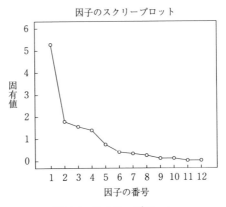

図 B.1　スクリープロット

索 引

●あ

R 223
RStudio 224
R^2 値 134
IRT（項目反応理論） 182
アイテムカテゴリ・データ 218
ANOVA（分散分析） 138, 190
アルファ法 94
ANCOVA（共分散分析） 190, 200, 201

●い

一様分布 117
一致係数 208
一般化線形モデル 135, 138
一般線形モデル 135, 136
イメージ法 94
因果関係 193
因子間相関（factor correlations） 79
因子構造 97
因子軸の回転 81
因子数 82
因子抽出法 81
因子得点（factor score） 78
因子パターン 97
因子負荷量（factor loadings） 78
因子分析 38, 40
因子分析の第一定理 177
因子分析の第二定理 177
因子分析モデル 173
INDSCAL（個人差多次元尺度構成法） 210
Intercept 56

●う

Ward 法 214

●え

HAD 44
HLM（階層線形モデル） 135, 142, 202
SEM（構造方程式モデリング） 193
SMC 93
SPSS 42
Fa 関数 81
MAP 基準 87
MDS（多次元尺度構成法） 167, 190, 208
lm 関数 57, 65

●か

回帰係数 54
回帰分析 38, 39
回帰分析モデル 194
解釈可能性 86
階層線形モデル（HLM） 135, 142, 202
階層的クラスター分析 212
外的基準 48
ガウス－ジョルダンの消去法 161
ガウスの消去法 161
カウントデータ 14
確認的因子分析 100
確率質量関数 116
確率分布 53
確率分布関数 115
確率密度関数 116
仮説検定 135
加速度 106

索　引　237

ガットマン基準　83
カテゴリカル因子分析　182
カテゴリカル分布　141
カノニカル（正準）因子分析法　94
間隔尺度水準　10
観測変数　193
ガンマ分布　147

●き

幾何平均　135
基準変数　48
基底　169
帰無仮説検定　135
逆行列　159
共通因子　91
共通性（h_j^2）　77, 92, 186
共通性の推定　91
共分散　21
共分散構造分析　193, 201
共分散分析（ANCOVA）　190, 200, 201
行ベクトル　152
共変動　33
行列　150
極小　108
極大　108
極値　108
距離　204
寄与率　77

●く

クォーティマックス回転　98
クラスター分析　190, 215
クロス集計表　40, 219

●け

係数　36, 49
決定係数　134
元（way）　15, 16
検証的因子分析　72
減少法　69
原点　11

●こ

交互作用　201
構造方程式モデリング（SEM）　193
項目反応理論（IRT）　182
Coefficients　57
誤差　58
誤差分布　53
個人レベル　144
個人差多次元尺度構成法（INDSCAL）　210
固有値　76, 165
固有値分解　165
固有ベクトル　165
コレスポンデンス分析（対応分析）　219

●さ

再現可能性　8
最小二乗基準　51
最小二乗法　104
最小二乗法による推定　52
最短距離法　213
最長距離法　213
最頻値（mode）　21
最尤基準　51, 53
最尤推定値　119
最尤推定法　118
最尤法　53, 93
SAS　42
3元データ分析　210
残差　58
散布図　23

●し

gls法　93
ジオミン回転　98
次元　13
事後分布　123
JAGS　123
質的変数　201, 216
斜交因子モデル　174
尺度水準　9
斜交回転　96

重回帰分析　48, 60
重回帰分析モデル　63, 194
自由記述　5, 218
重相関係数（R^2）　59, 133
従属変数　48
集団レベル　144
自由度調整済み決定係数（R^2_{adj}）　59
主成分解　92
主成分分析（PCA）　190, 196
順序尺度水準　9
常用対数　114
シンプリマックス回転　99
信頼性　184

●す
数量化Ⅰ類　190, 217
数量化Ⅱ類　40, 190, 218
数量化Ⅲ類　40, 167, 190, 218
数量化Ⅳ類　190, 221
数量化理論　216
スカラー　152
スクリープロット　84
Stan　123
ステップワイズ法　69

●せ
正規分布　120
正準相関分析　190, 198
整然データ　6
正の共変関係　25, 39
正方行列　151
z得点　27
説明変数　48
線形代数　148
線形モデル　36
潜在変数　70, 193
セントロイド法　94

●そ
相（mode）　15
増加法　69
相関関係　193

相関行列　29, 151
相関係数　28
双対尺度法　219
添え字　18
ソフトマックス　141

●た
対応分析（コレスポンデンス分析）　219
対称行列　151
対数　113
対数関数　141
対数正規分布　141
対数表　114
対数尤度関数　119
代表値　21
多次元尺度構成法（MDS）　167, 190, 208
多重共線性　68
多相データ　16
妥当性　184
ダミー変数　217
単位行列　151
単回帰分析　48
段階反応モデル　183
探索的因子分析　72, 82

●ち
チェビシェフの距離　206
逐次投入法　69
中央値（median）　21
直接オブリミン回転　98
直交因子モデル　174
直交回転　97

●て
底　113
定数　49
t検定　138
適合度　195
適合度指標　195
テキストマイニング　5, 218
てっちゃんの手品　72, 91
テトラコリック相関係数　182

索 引　239

転置　158
転置行列　158

●と
導関数　107
独自因子　91
独自性　75
独自成分　77
独立クラスター回転　99
独立変数　48
トレース　83

●に
2値データ　13

●は
バイナリデータ　217
パス解析　191
バリマックス回転　98
パワー法　180
判別分析　39, 190, 199

●ひ
PCA（主成分分析）　190, 196
ピアソンの相関係数　182
非階層的クラスター分析　215
被説明変数　48
非線形モデル　36
非対称MDS　211
微分　104
微分係数　107, 109
標準化　26
標準得点　173
標準偏回帰係数　66
標準偏差　26
被予測変数　48
比率尺度水準　11

●ふ
VSS基準　87
負の共変関係　25, 34
部分採点モデル　183

部分相関　60
不偏推定量　31
不偏分散　32
プロビット　141
プロマックス回転　98
分散　21
分散共分散行列　192
分散分析（ANOVA）　138, 190

●へ
平均値　21
平均変化率　106
平均偏差　25
平行分析　88
ベイジアンソフトウェア　123
ベイズ推定法　122
ベクトル　148, 152
ベルヌーイ分布　117, 140, 141
偏回帰係数　62
変化率　106
変換　168
偏差値　27
変数　18
変数選択　69
偏相関　60
偏相関係数　61
偏微分　108
偏微分係数　109
変量　2

●ほ
ポアソン分布　141
方程式　160
ポリコリック相関係数　182

●ま
マハラノビスの距離　207
マルコフ連鎖モンテカルロ法（MCMC）　124
マルチレベル分析　142
マンハッタン距離　206

●み
ミンコフスキーの r-metric　206
minres 法　93

●む
無相関　30

●め
名義尺度水準　9

●も
モデル　35
モデル・ダイアグラム　193
モデル適合度　59
モデルの適合度　68

●ゆ
uls 法　93
ユークリッド距離　205
尤度　53
尤度関数　117

●よ
予測値　51, 127

予測方程式　62

●ら
λ（ラムダ）　165

●り
離散分布　13
量的データ　14
量的変数　200, 216
リンク関数　140

●る
累積寄与率　86

●れ
residuals　58
列ベクトル　152
連続分布　14
連立方程式　160

●ろ
ロジスティック回帰分析　139
ロジスティック関数　140
ロジット　141

あとがき（前書より）

　統計のテキストで「あとがき」があるようなものは，珍しいのかもしれない。そもそも統計学や数学を専門としない人間が，このような本を著す機会を与えられることさえ珍しいのだから，最後に少し紙幅をお借りすることを許していただきたい。

＊　＊　＊

　社会調査士のような資格ができたことからもわかるように，今後ますますデータに基づいた議論が重視され，より洗練された調査や分析が必要となってくるものと思われる。こういった手法を用いる学問分野も，社会学や社会心理学などにとどまらず，社会福祉学や法学など多岐にわたるようになってきている。

　しかし日本では一般に文系とされるこれらの分野において，数字や数学を使った考え方は非常に嫌われることが多く，論文や報告書，レポートを書くために仕方なく使っている，という向きが少なくない。

　確かに，数式が出てくる話は慣れないだろうし，数字で人間の何がわかるというのか，というナイーブな批判もあるだろう。それはそれでかまわない。筆者としては，やるからにはしっかりやった上で批判しましょう，とだけいっておきたい。方法論を批判するのであれば，よりふさわしい別の方法を提示すべきである。また渋々でも使うのであれば，正しくかつ徹底的に使ってから，その限界を示すべきである。

　数式が苦手な文系諸氏にも，有利な点がある。それはエッセンスを理解する洞察力と，広い視野を持つことによる応用力を持っていることである。もちろんこれらの力を磨くような努力は必要だが，それがあれば，数字が踊る多変量解析はもはや高いハードルではなく，便利な道具になってくれるはずである。

　本文中で紹介したように，多変量解析はさまざまなタイプのものがあるし，現在も刻々と進化している。その数理的な背景を考えると決して簡単なものとはいえないが，それでも基本的な概念（回帰分析的発想，因子分析的発想）をしっかり押さえておけば，いかようにも応用できるだろう。

広く利用者が増えてほしいと願う一方で，ソフトウェアの発達に伴って，初学者でも簡単に分析できるようになったことを危惧してもいる。ひとつは昔から（といっても筆者はたかだか10年だが）やってきた人間にとって，そんなに簡単に分析されたのではありがたみがない，というやっかみ感情であろうが，簡単すぎることがより深い理解の妨げになるということもあるように思う。

例えば大学の卒業研究で，構造方程式モデリングでもってかくかくしかじかの結果が出ました，という報告を見ると，そこから抜け落ちたものを見落としてはいないかと心配になる。多変量解析法は，情報の圧縮が目的ではあるけれども，それは同時に圧縮できないものを誤差と見なして捨てる，ということでもある。社会調査で得られたデータは，誤差も少なからずあるだろうが，なんらかの理由があってモデルに適合していないという可能性もじゅうぶんに考えられる。調査に協力してくれるということは，非常に有り難いことであるはずだから，せめて得られたデータはしっかり分析したいものである。パソコンやソフトウェアは，あくまでも文房具である。それらに振り回されるのではなく，正しく使うよう心がけたい。

＊　＊　＊

本書は，筆者が大学院で後輩を私的に指導した，自主的勉強会でのテキストがベースになっている。数学が苦手だった彼らに教えることは，いかに簡単な表現に変えて伝えるか，あるいはいかに本質的に，多面的に理解してもらうかという教授法を磨く機会を与えてくれることになった。誉め言葉としてはあまりふさわしいものではないかもしれないので，個々人のお名前を挙げることは差し控えるが，この勉強会のメンバーにこの場をお借りしてお礼申し上げる。また本書の原稿にいち早く目を通し，筆者独特の言い回しや理解しにくい表現について，細やかな指摘と適切な助言を与えてくれた林幸史氏，清水裕士氏にも改めて謝意を表したい。

末筆ながら，本書出版の企画を快諾くださり，筆者の意図をじゅうぶんに汲み取った本作りにご尽力下さった北大路書房の柏原隆宏氏に深く感謝します。

2007年4月

小杉考司

■著者紹介■

小杉考司（こすぎ・こうじ）

1976 年　大阪府大阪市生まれ
1998 年　関西大学社会学部卒業
2003 年　関西学院大学社会学研究科単位取得満了
2005 年　学術振興会特別研究員（PD）
2007 年　山口大学教育学部
現　在　専修大学人間科学部　博士（社会学）　専門社会調査士

主　著　M-plus と R による構造方程式モデリング（共編著）　北大路書房　2014 年
　　　　研究論文を読み解くための多変量解析入門〈応用編〉（共訳）　北大路書房　2016 年
　　　　ベイズ統計モデリング─R, JAGS, Stan によるチュートリアル（共監訳）　共立出版　2017 年

研究テーマ　数理社会心理学，統計モデリング
ORCID：https://orcid.org/0000-0001-5816-0099
Researchmap：https://researchmap.jp/kosugitti/

言葉と数式で理解する多変量解析入門

| 2018年12月20日 | 初版第1刷発行 | *定価はカバーに表示してあります。 |
| 2023年 8 月20日 | 初版第4刷発行 | |

著　者　　小　杉　考　司

発　行　所　　㈱北大路書房

〒603-8303　京都市北区紫野十二坊町12-8
電　話　(075)431-0361㈹
ＦＡＸ　(075)431-9393
振　替　01050-4-2083

©2018　　　　　　　　　　　印刷・製本／創栄図書印刷㈱
検印省略　落丁・乱丁本はお取り替えいたします。

ISBN978-4-7628-3047-1　　　　　Printed in Japan

・ JCOPY 〈㈳出版者著作権管理機構 委託出版物〉
本書の無断複写は著作権法上での例外を除き禁じられています。
複写される場合は，そのつど事前に，㈳出版者著作権管理機構
（電話 03-5244-5088, FAX 03-5244-5089, e-mail: info@jcopy.or.jp）
の許諾を得てください。

研究論文を読み解くための多変量解析入門 基礎篇
重回帰分析からメタ分析まで

L. G. グリム＆P. R. ヤーノルド　編
小杉考司　監訳

ISBN 978-4-7628-2940-6
A5判　356頁　本体3600円＋税

基礎篇ではできる限り数式を用いずに，重回帰分析，パス解析，主成分分析と探索的・確証的因子分析，クロス分類表分析，ロジスティック回帰，多変量分散分析，判別分析，メタ分析を取り上げる。

研究論文を読み解くための多変量解析入門 応用篇
SEMから生存分析まで

L. G. グリム＆P. R. ヤーノルド　編
小杉考司　監訳

ISBN978-4-7628-2943-7
A5判　376頁　本体4400円＋税

「応用篇」では，できる限り数式を用いずに，信頼性と一般化可能性理論，項目反応理論，測定の妥当性評価，クラスター分析，Q技法－因子分析，構造方程式モデリング，正準相関分析，反復データの分散分析，生存分析を取り上げる。

はじめてのR
ごく初歩の操作から統計解析の導入まで

村井潤一郎　著

ISBN978-4-7628-2820-1
A5判　168頁　本体1600円＋税

多機能でありながら無料で使える統計解析ソフト「R」。その利便性からもRによるデータ処理がますます広がっている。一方，統計学の入門的知識があっても，このソフトに敷居の高さを感じる人は少なくない。はじめてRに触れる初学者対象に，Rを使っての統計解析の最初の一歩を踏み出すための説明をコンパクトにまとめた。

Rによる心理学研究法入門

山田剛史　編著

ISBN978-4-7628-2884-3
A5判　272頁　本体2700円＋税

「心理学研究モデル論文集」「具体例に即した心理学研究入門書」「統計ソフトRの分析事例編」の3つの顔を持つテキスト。卒論学生から活用できる。実際の研究例をもとに，研究法の基礎の紹介，研究計画立案のための背景や目的，具体的なデータ収集の手続き，Rでのデータ分析，研究のまとめやコメントなどで詳しく紹介。